Abhandlungen
aus dem Gebiet der Bäder- und Klimaheilkunde
Herausgegeben von
H. Vogt-Breslau · K. Knoch-Berlin

Heft 1

Die Meerwasser-Trinkkur

Auf Grund wissenschaftlicher Untersuchungen
und Beobachtungen

dargestellt von

W. Brand · H. Brüning · E. Grafe · R. Jaup
W. Kühnau · W. Pfannenstiel · K. Seifert · H. Vogt · H. Wattenberg
W. Zörkendörfer

Herausgegeben im Auftrag der Deutschen Gesellschaft
für Bäder- und Klimaheilkunde und des Wissenschaftlichen Ausschusses
beim Reichsfremdenverkehrsverband

von

H. Vogt
o. ö. Professor an der Universität Breslau
Direktor der Reichsanstalt für das Deutsche Bäderwesen

Mit 18 Abbildungen

Berlin
Verlag von Julius Springer
1938

Alle Rechte, insbesondere das der Übersetzung
in fremde Sprachen, vorbehalten.
Copyright 1938 by Julius Springer in Berlin.

ISBN-13: 978-3-642-90498-1   e-ISBN-13: 978-3-642-92355-5
DOI: 10.1007/ 978-3-642-92355-5

Geleitwort.

Mit dem vorliegenden Heft über die Meerwassertrinkkur beginnt eine Folge von Abhandlungen aus dem Gebiet der Bäder- und Klimaheilkunde.

Die aufkommende Bewegung einer naturnahen Medizin, das große Interesse, das von Laien und Ärzten den natürlichen Heilmitteln und ihrem Verwendungsbereich zugewandt wird, die modernen Fragestellungen der neuzeitlichen Medizin und ihrer Grenzgebiete lassen es berechtigt erscheinen, diese Schriftfolge vorzulegen, die je nach dem sich ergebenden Bedürfnis in zwangloser Folge erscheinen wird.

Auf dem Gebiet, dem diese Abhandlungen gelten, der Lehre von den Trinkquellen, Bädern und Mooren und dem Heilklima, wird von allen Seiten zur Zeit intensiv gearbeitet. Das ist nicht nur in den obigen Verhältnissen begründet, sondern hängt auch damit zusammen, daß im Gegensatz zu früher uns nunmehr Arbeitsplätze und Laboratorien in zahlreichen Orten in Deutschland zur Verfügung stehen, um die sich ergebenden Fragen des Gebietes anzugehen.

Das neue Deutschland hat in der Betreuung der natürlichen Heilgüter unserer Heimat dem Gebiet der Quellen, Bäder und Klimazonen eine besondere Aufmerksamkeit zugewandt und Mittel und Wege gefunden, um diesen Dingen eine früher nicht gekannte Organisation und damit die Grundlage für eine fruchtbare Arbeit zu geben.

Die Reichsanstalt für das deutsche Bäderwesen als die Zentrale für die Bäderheilkunde, das Reichsamt für Wetterdienst als der Mittelpunkt (neben seinen anderen Aufgaben) für den Kurortklimadienst ermöglichten hier eine einheitliche Leitung und eine gleichmäßige Betreuung des gesamten deutschen Reichsgebietes.

In praktischer Hinsicht hat die zunehmende an vielen Stellen geleistete Arbeit zur Folge, daß Arbeiten größeren Umfangs heranwachsen, die zum Teil bereits monographischen Charakter bei der Bäderheilkunde sowohl wie bei der Klimaheilkunde tragen und denen die Aufnahme in eine Zeitschrift schon nach Umfang und Ausmaß nicht ermöglicht werden kann. Um diese umfangreiche Arbeit nicht zu sehr zu zersplittern, um ihr eine einheitliche Linienführung zu geben und sie damit in der Folge erhöht nutzbar zu machen, erscheint die Herausgabe der Abhandlungen in einer sicheren Folge von besonderem Nutzen.

Wir sind der Verlagsbuchhandlung Julius Springer dankbar, daß sie die gekennzeichnete Arbeit durch die Übernahme der Schriftenfolge ermöglicht hat.

H. VOGT.   K. KNOCH.

Vorwort.

Wie nach allen wirklichen oder vermeintlichen Heilkräften der Natur, greifen heute Ärzteschaft und Laienwelt auch nach dem Meerwasser, nicht nur in seiner herkömmlichen Form als freies, wind- und luftbewegtes Bad, sondern auch zum Zwecke der Trinkkur. Die Deutsche Gesellschaft für Bäder- und Klimaheilkunde hat nach eingehenden Vorarbeiten durch den Wissenschaftlichen Ausschuß und die Reichsanstalt für das deutsche Bäderwesen in Breslau auf ihrer Tagung in Kiel, 25./27. Februar 1938, das Thema zur Verhandlung gestellt. Die in dem vorliegenden Band wiedergegebenen Berichte und Vorträge sind dort als das Ergebnis mehrjähriger eingehender Arbeiten und Beobachtungen vorgelegt worden. Allen Mitarbeitern bringe ich den Dank der Kreise und Stellen, die um die Erforschung des deutschen Heilgutes und seine auf Forschung und Wahrheit beruhende geistige Durchdringung bemüht sind, zum Ausdruck.

Breslau, im Juli 1938. **Der Herausgeber.**

Inhaltsverzeichnis.

	Seite
1. **Einleitung und Begründung.** Von Professor Dr. H. Vogt, Reichsanstalt für das deutsche Bäderwesen, Breslau	1
2. **Bisherige Erfahrungen, allgemeine und geschichtliche Bemerkungen.** Von Professor Dr. H. Brüning, Universitätskinderklinik Rostock	6
3. **Chemie des Meerwassers.** Von Dr. H. Wattenberg, Institut für Meereskunde, Kiel	12
4. **Pharmakologie des Meerwassers.** Von Dr. W. Zörkendörfer und Dr. K. Seifert, Reichsanstalt für das deutsche Bäderwesen, Breslau	23
5. **Beiträge zur Kenntnis der Einwirkung von Meerwassergaben auf Verdauung und Stoffwechsel bei Gesunden und Kranken.** Von Professor Dr. E. Grafe, Medizinische Universitätsklinik Würzburg	31
6. **Die Beeinflussung des Mineralstoffwechsels des Menschen durch Meerwassertrinkkuren.** Von Dr. R. Jaup, Balneologisches Forschungsinstitut, Baden-Baden	34
7. **Meerwassertrinkkur und Mineralstoffwechsel.** Von Dozent Dr. J. Kühnau, Forschungsinstitut für Bäderkunde und Stoffwechsel, Wiesbaden	41
8. **Verordnung und Anwendung des Meerwassers als Trinkkur.** Von Dr. W. Brand, Kolberg	49
9. **Hygiene des Meerwassers.** Von Professor Dr. W. Pfannenstiel, Hygienisches Institut, Marburg	54
10. **Ergebnis.** Von Professor Dr. H. Vogt, Reichsanstalt für das deutsche Bäderwesen, Breslau	60

1. Einleitung und Begründung.

Von

H. VOGT-Breslau.

Die Deutsche Gesellschaft für Bäder- und Klimaheilkunde und der Wissenschaftliche Ausschuß beim Reichs-Fremdenverkehrsverband haben naturgemäß auch die Aufgabe der Meeresheilkunde in den Bereich ihrer Arbeit aufgenommen. Im deutschen Rahmen stellt die Heilkraft des Meeres einen bedeutenden Faktor in der Betreuung der deutschen Heilgüter dar. Wir sind uns vollkommen bewußt, daß zu dem Neuaufbau des deutschen Bäder- und Kurortwesens auch die Seebäder mit all ihren Aufgaben gehören.

Wenn entsprechend einem Worte des Führers der deutsche Mensch wieder enger mit dem Boden und der Landschaft seiner Heimat verbunden werden muß, dann wird auch das deutsche Meer mit seinen heilbringenden Küsten einen Teil dieser Aufgaben übernehmen. Schon errichtet die DAF. für die erholungsuchenden und schwerarbeitenden Deutschen an der Küste eine Reihe von Erholungsstätten; im Rahmen der Tuberkulosefürsorge spielt die Ausnutzung der seeklimatischen Möglichkeiten eine große Rolle. Hierin ist viel geschehen und noch viel zu leisten. Wir wissen, daß namentlich in der Ertüchtigung der Großstadtkinder der Aufenthalt an der Küste eine fast nicht zu ersetzende Rolle spielt, daß eine Kur, oder besser ihre Wiederholung, aus dem blassen, eßunlustigen, schlafmangelnden, unruhigen und wachstumbehinderten Kinde durch eine tiefgreifende, auch zahlenmäßig nachzuweisende Umstimmung einen ganz anderen Menschen macht. Die Ausnutzung der Küste nicht nur in der guten Jahreszeit, sondern auch im Winter, eröffnet uns noch weite Möglichkeiten volksgesundheitlicher Förderung.

Es kann nicht wundernehmen, daß in einer Zeit bewegten Interesses für die Heilkraft des Bodens und der Landschaft auch an den Küsten alle Möglichkeiten ausgenutzt werden, die sich bieten, zur klimatischen Behandlung an der Küste, zum Abhärtungsproblem und der Ertüchtigung von Kindern und Jugend, zu den Erholungsaufgaben für die arbeitende Bevölkerung, zur Tuberkulosebehandlung und Kinderheilkunde.

Neben der bei uns ziemlich neuen Anwendung und Ausnutzung des Meeresschlickes ist daher in den letzten Jahren auch in Deutschland neu aufgenommen das Problem der Meerwassertrinkkur.

Wie auf allen Gebieten der natürlichen Heilweise, handelt es sich auch hier nicht um eine Neuentdeckung. Gerade der geschichtliche Gang der Entwicklung ist ein oft und gern herangezogener Beweis für die Unwandelbarkeit des natürlichen Heilgutes, für seine von Generation zu Generation immer wieder erwiesene Brauchbarkeit und Nützlichkeit. Unter den Heilquellen und Bädern des Binnenlandes haben wir nicht wenige, die auf eine tausendjährige Geschichte und dabei auf eine ununterbrochene, im Gang der Geschichte nur gewandelte und schwankende, aber niemals unterbrochene Benutzung hinweisen können.

Die Geschichte der Meerwassertrinkkur hat einen anderen Charakter. Sie zeigt in der Vergangenheit Perioden der Blüte. Sie ist empfohlen, aufgegriffen, ausgeübt und wieder vergessen worden. Sie war, wie es scheint, eine Mode, vornehmlich wohl in solchen Zeiten, in denen die geistige Einstellung der Menschen stärker nach den natürlichen Heilmitteln der sie umgebenden Natur verlangte. Aus dieser Bedingnis wird unschwer auch heute ihre Namhaftmachung und Anpreisung erklärt. Die frisch sprudelnde Quelle spielt in der Vorstellung der Menschen, in Literatur, Dichtung und Nachbildung eine Rolle als das belebende Element, das uns Labsal und Trank spendet. Das Meer aber hat in unserer allgemeinen Vorstellung in gesunden und kranken Tagen einen ganz anderen Charakter. Es trennt und verbindet die Länder und Menschen, es trägt ihre Schiffe, es ladet zum Bade. Erst in einer viel weitergehenden Gedankenreihe und in einer geistigen Einstellung, die also auch das Letzte aus der umgebenden Natur herausholen will, was uns vielleicht belebende und heilende Kräfte vermitteln könnte, ist auch die Meerwassertrinkkur gefunden worden.

Eine Zeit, die in dieser Beziehung nichts unbeachtet läßt und lassen darf, die in einem Land wie dem unsrigen vom arbeitenden Menschen das Letzte verlangt, muß auch alles und das Äußerste versuchen, um die belebenden und erhaltenden Kräfte der Natur zu nutzen. Mit Recht bringen wir Sonne, Luft und Wind, unsere Flüsse und Seen, unsere Heilquellen und Bäder, die Moore und heilklimatischen Zonen in gesunden und kranken Tagen in eine enge und immer wiederholte und immer wieder variierte Beziehung zu unseren Volksgenossen. Es ist nur ein Gewinn, den Gedanken aufzunehmen, ob nicht aus einem in anderer Beziehung bekannten Heilgut auch noch etwas weiteres gewonnen werden kann, und die um die Betreuung des natürlichen Heilgutes Besorgten, die ja alle mehr oder weniger auch an den Aufgaben der Volksgesundheit mitarbeiten, würden nichts mehr begrüßen als ein neues, brauchbares, leicht zu erlangendes, jedem sich bietendes natürliches Heil- und Erholungsmittel.

Aber alle Zeiten, die in dieser Weise bewegt sind, bringen auch die Gefahr, über das Ziel herauszuschießen. Sie preisen Dinge an, ohne sie zu prüfen. Sie erwecken Hoffnungen und Erwartungen, ohne sie zu erfüllen. Sie gründen, aber sie begründen nicht. Sie wollen ein Werk in Bewegung setzen, aber sie wissen nicht, ob sie es vollenden.

Die Deutsche Gesellschaft für Bäder- und Klimaheilkunde muß es für ihre Aufgabe halten, das deutsche Heilgut bis zum Letzten nutzbar zu machen. Sie muß seine Brauchbarkeit und Zuständigkeit immer wieder von neuem prüfen, neue Möglichkeiten aus den Gütern herausholen. Sie muß aber ebenso das Wahre vom Falschen trennen, die begründete Kritik üben, die Irreführung bekämpfen und unwirtschaftliche Anlagen verhindern.

Wenn wir die Werbung um die Meerwassertrinkkur, die seit einer Reihe von Jahren in steigender Progression im Gange ist, betrachten, dann fällt uns foldendes auf:

Aus den Seebadeorten werden aus dem Bereiche der ärztlichen Erfahrung auch auf diesem Gebiete Krankenberichte und Erfolgsstatistiken bekanntgemacht, die nach Meerwassertrinkkuren günstige Abläufe der damit behandelten Krankheiten aufweisen. So wenig irgendwie im Bereich der Medizin und schon gar nicht in der Bäderwissenschaft das ärztliche Erfahrungsgut entbehrt werden kann, so haftet eben immer wieder diesen Berichten ein erheblicher Mangel an. Es wird nicht bezweifelt werden können, daß in den Krankheitsfällen, die durch eine Trinkkur für unsere Vorstellung faßbar sind, günstige Resultate sich aufweisen lassen. Magen-, Darm- und Stoffwechselkrankheiten, Krankheiten der ableitenden Harnwege, Verdauungsstörung, gelegentlich auch endokrine krankhafte Zustände können durch die mit Mineralwirkung verbundene Trinkkur angegangen werden. Wir kennen diese Erfahrung von den Heilquellen, und wir wollen von vornherein nicht in Abrede stellen, daß auch das Meerwasser gemäß seiner Mineralisation hier Wirkungen ausübt. Aber wenn nervöse und seelische Zustände, Kreislaufstörungen, Erkrankungen der Atemwege in einer Art von psychischem Kurzschluß mit einer Meerwassertrinkkur insofern in Beziehung gebracht werden, als ein Aufenthalt an der See und eine dabei benutzte Meerwassertrinkkur auch diese Zustände gebessert und geheilt haben soll, dann können wir diesen Bericht nicht ohne weiteres für eine Beurteilung der Meerwassertrinkkur gebrauchen. Sollen auf einmal, weil man jetzt das Meerwasser trinkt, alle anderen Wirkungen eines Seeaufenthaltes vergessen werden, Sonne, Luft und Wind, die gesamtklimatischen Einwirkungen, das Seebaden, der Gesamtfaktor der veränderten Umwelt, der Landschaft und des Klimas? Das ist doch unmöglich. In vielen derart voreilig berichteten Fällen ist und bleibt die Seebadekur und der Erholungsaufenthalt an der Küste das große wirksame Mittel, und die Meerwassertrinkkur wird hierbei ja nicht gerade an dem Resultat etwas verändert haben. Beurteilen können wir doch eine Meerwassertrinkkur nur dann, wenn wir unter möglichstem Ausschluß aller anderen Faktoren den Wirkungsweg getrunkenen Meerwassers verfolgen, wenn wir den Effekt und den Ablauf dieses Effektes im tierischen und menschlichen Körper möglichst eingehend studieren und aufzeichnen.

Die Menschheit ist heute überaus zugänglich für vermeintliche und wirkliche Zusammenhänge auf dem Gebiet des sogenannten natürlichen Geschehens. Es wird ohne weiteres hingenommen und gar kein Beweis verlangt, wenn jemand aus tatsächlichen oder mißverstandenen Zusammenhängen die Wirkung eines solchen neuen Mittels anpreist oder verkündet. Aus der Tatsache, daß im Meerwasser Salze enthalten sind, werden unkritische Zusammenhänge mit dem Salzgehalt und der Veränderung des Salzgehaltes des menschlichen Körpers konstruiert. So kehrt mit besonderer Betonung in vielen Äußerungen über den grundsätzlichen Charakter einer Trinkkur mit Meerwasser die Behauptung wieder, daß das Meerwasser als die Urflüssigkeit anzusehen sei, aus der alles Leben entstanden wäre, so daß das Meerwasser auch heute noch in dieser Beziehung besondere belebende Funktionen für die Säfte und Zellen des menschlichen Organismus besitzt. Bei einigem Nachdenken über diese Konstruktion kann man folgendes feststellen: Die Loslösung der landlebenden Tiere vom Meere hat sich etwa im Praecambrium vollzogen. Nach der heutigen Ansicht der Geologie war aber das Meerwasser in dieser Zeit dem heutigen durchaus nicht gleich. Wenn also die landlebenden Tiere die Urflüssigkeit des Meeres in ihren Zellenbestand und ihre Leibeshöhlen eingeschlossen haben, so können sie nur das Meerwasser mitbekommen haben, das sie aufgenommen haben in und vor der Zeit ihrer Loslösung vom Meer. Es tragen also, wie man in diesem Zusammenhang sagen könnte, die landlebenden Wesen und auch der Mensch Urflüssigkeiten, also Meerwasser einer längst vergangenen geologischen Periode und nicht das heutige, in sich. Wie das Meerwasser hat sich vielleicht auch die Leibesflüssigkeit der Organismen seit jener Zeit geändert. Dann ist die Differenz zwischen Zellflüssigkeit und Meerwasser erst recht groß, und Kurzschlußkonstruktionen wie die erwähnte sind ebenso gedankenlos wie unbrauchbar für eine ernsthafte Betrachtung.

Wichtig in diesem Zusammenhang scheint auch folgender Gesichtspunkt: Vom Wasser, das doch auch das Meerwasser ausmacht, redet auffälligerweise kein Mensch, und es wäre wohl zu beachten, auch in den Kreis dieser Verkündungen einmal die Beachtung der Dinge einzuschließen, die wir kennengelernt haben, besonders in der neuesten Zeit aus dem Studium des Schicksals eines Trunkes Wassers im Organismus. Wenn man beachtet, was schon einfaches Wasser, in den nüchternen Magen gebracht, für Wirkungen hervorbringt sekretorischer Art im Magen, Umlagerungen von Flüssigkeit und Mineralbestandteilen im Körper, Verdünnung des Blutes, Einschaltung der neurohormonalen Einrichtungen und schließlich Einflüsse auf die momentane und auf die weithin wirkende Ausscheidung, wenn man alle diese Dinge beachtet, dann wird man finden, daß manches von dem, was mit lauter Stimme zu einer Wirkung des getrunkenen Meerwassers gemacht worden ist, auch beim einfachen Leitungswasser vorkommt.

Die Beeinflussung der allgemeinen Ansichten der öffentlichen Meinung, die Erregung von Erwartungen bei der leidenden Menschheit ist den unkritischen Verkündern auf dem Gebiet irgendwelcher Zusammenhänge des natürlichen Geschehens deshalb so leicht gemacht, weil sie aus einigen geahnten oder oberflächlich beobachteten Dingen heraus rasch zu weithin reichenden Folgerungen gehen, weil diese Zusammenhänge bei der heutigen Einstellung der Menschheit unmittelbar Widerhall und Wirkung finden, während auf der anderen Seite eine gewissenhafte und kritische Beurteilung und ein Rat für das Ja und Nein eines neuen natürlichen Heilmittels, der sich nur auf der Basis gewissenhafter Feststellungen aufbauen kann, nicht von heute auf morgen gegeben werden kann. So ergibt sich die merkwürdige und ganz unlogische Situation, daß der Beweis für die weittragenden Schlußfolgerungen nicht denen zugeschoben wird, die die Behauptung aufgestellt haben, sondern denen, welchen es wirklich um die wahrheitsgetreue Erkenntnis auch dieses natürlichen Heilgutes zu tun ist.

Alle die Anpreiser und Verkünder auch der Meerwassertrinkkuren, die sich in den letzten Jahren bemerkbar gemacht haben, denken gar nicht daran, auch nur die Spur eines Beweises dafür beizubringen, daß beispielsweise die Wirkung auf den Mineralhaushalt des Menschen, die sie behaupten, vorhanden ist, oder gar wie weit sie reicht und in welcher Form sie abläuft. Diesen Beweis müssen wir bringen, die wissenschaftlich und kritisch denkenden Ärzte des Gebietes. Wir haben nicht deshalb bisher geschwiegen zu dem Problem der Meerwassertrinkkur, weil wir mit all den voreiligen Ankündigungen, Anpreisungen, Neugründungen usw. einverstanden gewesen wären, auch nicht deshalb, weil zu all dem gutgläubigen und anderen Unsinn, der behauptet worden ist, uns nichts eingefallen wäre, sondern deshalb, weil wir die Beweislast auf uns genommen haben, bevor wir über diese Dinge öffentlich sprechen, auch daran zu arbeiten, um etwas sagen zu können über den Charakter des Wassers, über seine chemischen und pharmakologischen Eigenschaften, über seine Wirkungen auf den tierischen und menschlichen Organismus und damit über seine Heilanzeigen und seine Zuständigkeit auf dem Gebiet der ortsgebundenen und natürlichen Heilmittel. Diese Arbeit haben wir auf uns genommen, und all denen, die an diesem Buche mitgearbeitet haben, gebührt der Dank nicht nur der an dem Gebiet interessierten, sondern der kranken Menschheit überhaupt, weil jetzt einmal der Anfang gemacht ist, um auf Grund einwandfreier Arbeit und nüchterner Beurteilung über den Charakter des Meerwassers als Trinkkurheilmittel ein Urteil und damit eine Wegweisung über seine Verwendbarkeit zu finden.

2. Allgemeines über Meerwassertrinkkuren.

Von

H. BRÜNING-Rostock[1].

Die Frage der Meerwassertrinkkuren, welche heute in mehreren Vorträgen von den verschiedensten Gesichtspunkten aus behandelt werden soll, ist seit einer Reihe von Jahren von erhöhtem Interesse nicht nur für uns Ärzte, sondern auch für die gesamte Laienwelt.

Meine Aufgabe besteht nun darin, in einem kurzen einleitenden Referat, ohne auf Einzelheiten einzugehen, den heutigen Stand dieses Problems darzulegen.

Hierbei erscheint zunächst ein *geschichtlicher Rückblick* angebracht, zumal der interne Gebrauch von Meerwasser nicht etwa eine Errungenschaft der Neuzeit darstellt, sondern als weit verbreitete volkstümliche Sitte bei den Bewohnern der Seeküsten und auch als ärztlich-therapeutische Maßnahme bis in das graue Altertum hinein zurückreicht.

Wir finden nämlich im medizinischen Schrifttum bis gegen Ende des vorigen Jahrhunderts immer wieder Angaben, daß in gewissen Ländern, z. B. in England und Frankreich, das Seewassertrinken viel geübt und gerühmt werde, sowie auch zahlreiche Mitteilungen über dieses Verfahren. Auch haben einige Autoren, wie Vogel, Sachse und Pouget, es sich nicht nehmen lassen, in ihren Werken der internen Anwendung von Seewasser größere zusammenhängende Kapitel zu widmen. Fast alle diese Veröffentlichungen lauten günstig, und nur vereinzelte Ärzte, unter ihnen der Doberaner Badearzt Kortüm, lehnen die Methode als *weder sicher noch angenehm wirkend* grundsätzlich ab.

Den bis dahin rein *empirischen* Beobachtungen suchte dann um die Jahrhundertwende der Franzose Quinton mit seinen Mitarbeitern ein wissenschaftlich begründetes Fundament zu geben, indem er über umfangreiche und planmäßige einschlägige Studien berichtete und im Jahre 1904 sein bekanntes Buch „L'eau de mer, milieu organique" erscheinen ließ.

In diesem Werke, welches den Auftakt für eine große Anzahl von Publikationen namentlich in Frankreich bildete, vertritt Quinton die *Anschauung*, daß alle Lebewesen aus dem Weltmeere stammen, daß die Zellen auch der höheren Organismen von einem *Milieu marin*, d. h. also einer dem Meerwasser ähnlichen Flüssigkeit, umspült werden, und daß darum die Einverleibung blutisotonischen Seewassers beim Menschen ebenso angewandt zu werden verdiene, als diejenige von physiologischer Kochsalz- oder Ringerlösung.

Quinton bezog sich allerdings bei diesen Versuchen vornehmlich auf subcutane Injektionen des Seewassers, für dessen Zubereitung er ganz genaue Vor-

---

[1] Universitäts-Kinderklinik Rostock.

schriften gab, und zwar in dem Sinne, daß es auf offenem Meere, abseits von Flußmündungen und bei ruhiger See aus mindestens 10 m Tiefe geschöpft, durch Zusatz von 2 Teilen Quellwasser isotonisch gemacht, filtriert, sterilisiert und frisch verbraucht werden müsse.

Aus den hierhergehörigen Arbeiten, soweit sie die Anwendung des Meerwassers *per os* betreffen, mögen hier nur die von TRIBOULET und GODLEWSKI im Jahre 1914 mitgeteilten Versuche aufgeführt werden, in welchen das fabrikmäßig hergestellte *Plasma marin* aus dem Laboratorium CARRION in Paris, ein mit gewöhnlichem Wasser isotonisch gemachtes Atlantikwasser, mit abgekochtem Zuckerwasser zu gleichen Teilen, oder auch *hyper*tonisches, durch Eindampfen von isotonischer Lösung gewonnenes, als „*Diplase*" bezeichnetes Seewasser mit Zuckerwasser im Verhältnis 1:2 bis 1:3 in Mengen von 50—200 g mit der Flasche 8 Säuglingen mit schwerer akuter und subakuter Gastroenteritis zu Heilzwecken gegeben wurde. Nur ein einziger dieser 8 Säuglinge war nach Wiedereinschaltung der Milchnahrung als geheilt zu betrachten, drei konnten gebessert nach Hause entlassen werden, und die vier übrigen gingen, zum Teil nach Besserung ihres Zustandes, trotz gleichzeitiger Magendarmspülungen und anderer therapeutischer Maßnahmen, zugrunde.

Es dürfte schwerfallen, im Gegensatz zu den beiden hier genannten Autoren, einen Erfolg der internen Seewasseranwendung bei diesen Versuchen anzuerkennen, und ebensowenig kann dies der Fall sein auf Grund der zahlreichen Experimente mit subcutaner Einverleibung isotonischen Meerwassers im Vergleich mit physiologischer Kochsalzlösung bei Erwachsenen und Kindern. Auch hierbei waren nämlich die Ergebnisse ganz verschiedene, so daß Empfehlungen des Verfahrens ebenso viele und zum Teil schroffe Ablehnungen gegenüberstanden.

So ist es denn kein Wunder, wenn die perorale Anwendung von Seewasser zu Heilzwecken, obwohl dasselbe schon damals von französischen Autoren als „la première des eaux minérales" bezeichnet wurde, bis auf eine Reihe einschlägiger Publikationen von homöopathischer Seite, wieder aus der Debatte im medizinischen Schrifttum verschwand.

Aber dieser Zustand war nicht von langer Dauer! Mit dem politischen Umbruch in Deutschland bahnte sich auch eine Umwälzung auf dem Gebiete der gesamten Heilkunde an. In dem Bestreben, aus der Verschmelzung praktisch wertvoller Errungenschaften *aller* medizinischen Richtungen eine neue deutsche Heilkunde sich herauskrystallisieren zu lassen, wurde namentlich von BRAUCHLE und den Anhängern der Naturheilkunde die interne Anwendung des Seewassers im Verein mit allgemein-naturheilerischen Maßnahmen empfohlen und in einer großen Reihe einschlägiger Publikationen propagiert.

Auch in diesen Veröffentlichungen wird immer wieder auf die QUINTONsche Hypothese Bezug genommen und unter Hinweis auf namhafte Physiologen, wie ABDERHALDEN und HÖBER, erneut betont, daß sich das Zellprotoplasma der höheren Lebewesen unter ganz gleichen Bedingungen befinde, wie das der niedersten Meeresbewohner.

Ferner wird die Anschauung vertreten, daß der Mensch Seewasser genießen müsse, um lebenswichtige Salze und sonstige Substanzen sich wieder einzuverleiben, deren Fehlen im gewöhnlichen Wasser mit dem Auftreten von gewissen Störungen und Krankheiten aller Art in ursächlichem Zusammenhange stehen könne.

Prüfen wir nun aber einmal die von den Vertretern dieser Richtung für den innerlichen Gebrauch des Meerwassers aufgestellten ärztlichen Heilanzeigen, so sind dieselben auch heute noch außerordentlich vielseitig. Folgende Indikationen werden genannt: akute und chronische Katarrhe des Magens und Darmes mit Hypo- und Hyperacidität, Magendarmneurosen, Beschwerden im Bereich der Leber und Galle, endogene und exogene Fettsucht, funktionelle Darmträgheit, Hämorrhoiden, Diabetes, Erkrankungen der Atmungsorgane, insbesondere chronische Bronchitis, allergische Krankheiten und Diathesen, Asthma, Drüsenleiden, Skrofulose, Rachitis und innersekretorische Störungen der Entwicklungs- und der Rückbildungsjahre.

Nach dieser Aufzählung, bei welcher nur die von französischen Autoren bereits zu Ende des vorigen Jahrhunderts aufgeführten Geisteskrankheiten, Carcinome und einige andere, weniger häufigere Affektionen noch fehlen, soll also der interne Gebrauch des Meerwassers eine Art Universalmittel sein, dessen Heilanzeigen sich auch heute noch auf die bereits im Jahre 1910 von CUDENNEC geprägte Formel bringen lassen, daß das Seewassertrinken gut sei „pour tout et pour tous".

In Anbetracht der bisher geschilderten Beobachtungen und Erfahrungen muß es auffallen, daß das Problem des innerlichen Gebrauches von Meerwasser wenigstens bei uns in Deutschland in der schulmedizinischen Wissenschaft der Erwachsenen und, wie ich unlängst dartun konnte, auch der Kinder von jeher so gut wie gänzlich ignoriert worden ist. Zwar wird auch von diesen Seiten das Verfahren gelegentlich erwähnt, doch ist es nirgends, weder im Laboratorium an Tieren noch klinisch an Erwachsenen und Kindern, ernstlich und systematisch studiert worden.

Was uns Kinderärzte anlangt, so wird z. B. in dem weltbekannten mehrbändigen Standardwerk der Kinderheilkunde von VON PFAUNDLER und SCHLOSSMANN die in Rede stehende Methode mit keinem Worte erwähnt, während NOBÉCOURT in dem entsprechenden französischen Handbuche von BABONNEIX und FABRE wenigstens der hypodermatischen Einverleibung von Seewasser bei Kindern mit Atrophie, Ekzemen und Gastroenteritiden einige wenige Zeilen gewidmet hat.

Die hier weit klaffende Lücke beginnt sich erst im Jahre 1932 zu schließen, und zwar durch die in diesem Zusammenhange viel zitierte, von SCHITTENHELM angeregte Dissertation von RÖMPLER aus der medizinischen Klinik der Kieler Universität, eine Arbeit, auf deren Inhalt hier etwas genauer eingegangen werden muß.

Nach theoretischen Erörterungen über die Eigenschaften und Einflüsse des Meerwassers als Einzelsalz- bzw. als Gesamtsalzlösung auf die Schleimhaut des Magendarmtractus, berichtet RÖMPLER zunächst über seine Erfahrungen mit der Bekömmlichkeit und über die subjektiven Wirkungen des Meerwassertrinkens bei 10 Medizinern. Bei allen diesen Versuchspersonen stieß der Genuß des Seewassers auf keinerlei Schwierigkeiten, ja dasselbe erwies sich sogar als Tafelwasser brauchbar, falls es frisch, d. h. vor dem völligen Entweichen der Kohlensäure getrunken wurde. Es handelte sich nämlich bei dem benutzten Wasser um das annähernd isotonische, mit CO_2 imprägnierte, fabrikmäßig hergestellte Westerländer Kurwasser des Westerländer Kurwasserwerkes in Westerland auf Sylt.

Subjektiv konnten die ärztlichen Versuchspersonen deutliche Appetitanregung und Stuhlregelung an sich beobachten, ohne daß auch bei größeren Dosen Durchfall auftrat. Ferner wurden dyspeptische Störungen und Gastritiden nach Diätfehlern, Alkohol- und Nicotinabusus gut beeinflußt, und endlich fand das mit Meerwasser gebackene Brot — ein Verfahren, welches schon 1873 von RABUTEAU u. a. erprobt und gelobt worden ist —, allgemeine Anerkennung, indem es vor allem die gelegentlich mit Schwarzbrotgenuß verbundenen Magenbeschwerden vermissen ließ.

Außer diesen gewissermaßen bei ambulanten magendarmgesunden Erwachsenen erhobenen subjektiven Befunden suchte RÖMPLER dann auch *objektiv*, und zwar durch fraktionierte Aushebung des Magens und Duodenalsondierung die speziellen Wirkungen des Westerländer Kurwassers auf den Magendarmkanal und die Anhangdrüsen des Darmes (Leber, Galle, Pankreas) bei magendarmgestörten Erwachsenen zu verfolgen.

Nachdem die zu diesen Untersuchungen herangezogenen 30 Männer und Frauen aller Altersstufen nach Bestimmung der Magennüchternwerte einen Viertelliter, mit einem Tropfen Methylenblau tingierten Westerländer Kurwassers getrunken hatten, wurden viertelstündlich Proben angesaugt und hierin zunächst freie Salzsäure und Gesamtacidität bestimmt. Der Autor will nun bei diesen Magenuntersuchungen einwandfreie, über die bei Kontrollversuchen mit Coffeinreiztrunk hinausgehende Steigerung der Aciditätswerte für Norm- und Anacide, dagegen eine ebenfalls deutliche Herabsetzung bei Hyperaciden, sowie bei den Duodenalsondierungen eine wesentliche Vermehrung des Bilirubins, Trypsins und der Diastase im Duodenalsaft gefunden haben. Ferner war die Verweildauer des Meerwassers im Magen im Vergleich zu anderen Flüssigkeiten wesentlich erhöht und betrug in einzelnen Fällen bis zu $1^1/_2$ Stunden.

Aus einem Vergleich der hier mitgeteilten Versuchsergebnisse folgert der Autor, daß der normalisierende Effekt des Meerwassers per os mit den subjektiv empfundenen Wirkungen ausgezeichnet harmoniere, und daß infolgedessen die Meerwassertrinkkuren bei der stoffwechselsteigernden Wirkung des See*klimas* als wertvolle Unterstützung bei einem Kuraufenthalt an der See herangezogen werden könnten.

Berechnet man aus den von RÖMPLER gefundenen Einzelzahlen die jeder Gruppe von Versuchspersonen zugehörigen Mittelwerte, so ist die Zunahme der Acidität für An- und Hypoacide, ebenso wie bei den Einzelversuchen, unverkennbar, während die hierbei erhaltenen Einzel- und Durchschnittszahlen für die Hyperaciden weniger zu überzeugen vermögen.

Auch bleibt zu bedenken, daß sämtliche von RÖMPLER mitgeteilten Untersuchungen sich nur auf die während einer *einzigen* fraktionierten Aushebung des Magen- bzw. des Duodenalsaftes gefundenen Werte beziehen und somit gewissermaßen nur eine Art von kurzfristigen Stichproben der Beschaffenheit der ausgehobenen Sekrete und damit der Funktionen der untersuchten Organe bilden.

Ob planmäßiger Genuß von Meerwasser nach Art der Trinkkuren mit natürlichen Brunnen ähnliche oder gar gleiche Erfolge ergeben wird, ist bisher noch nicht untersucht worden, bildet aber doch letzten Endes den Kernpunkt des zur Diskussion stehenden Problems.

Einige wenige an unserer Klinik an schulpflichtigen Kindern vorgenommene derartige Versuche scheinen die RÖMPLERschen Ergebnisse für mehrwöchentliche Trinkperioden zu bestätigen, doch ist die Zahl der Fälle zu gering, um sichere Schlüsse aus den bisher dabei gemachten Beobachtungen ziehen zu können. Auch vorsichtige Versuche bei ernährungsgestörten Säuglingen, die vorübergehende Teedarreichung durch Ostseewasser zu ersetzen, einzelne Säuglingsnahrungen mit Seewasser zuzubereiten und Kindern mit Ekzemen auf exsudativ-diathetischer Basis dasselbe zu Heilzwecken per os oder subcutan einzuverleiben, sind vorläufig noch nicht spruchreif, ermuntern jedoch nach den bisherigen Erfahrungen keineswegs zu übereilten weiteren einschlägigen Experimenten[1].

Aus meinen bisherigen Auseinandersetzungen ist zu entnehmen, daß die RÖMPLERschen Untersuchungen den allerersten bescheidenen Anfang zu einer wissenschaftlichen klinischen Erforschung der Wirkungen der internen Darreichung von Meerwasser beim Menschen überhaupt abgeben, während alle übrigen im Schrifttum vorliegenden Berichte, rein empirisch gewonnen und daher subjektiv gefärbt, ernsthafter Kritik nicht standhalten!

Das, was ich soeben gesagt habe, wird noch weiter dadurch verständlich, daß auch über die einfachsten Dinge bei der Einverleibung des Seewassers per os keinerlei Übereinstimmung unter den über Erfolge mit dieser Methode berichtenden Autoren besteht. So verwenden die einen Nordsee-, die anderen Ostseewasser, deren Zusammensetzung bekanntlich außerordentlich verschieden ist. Um das zu Trinkzwecken zu verwendende Seewasser blutisotonisch zu machen, läßt BENSCH z. B. das Borkumer Meerwasser mit gewöhnlichem Wasser oder mit natürlichen Mineralwässern 1:3 verdünnt trinken, während die Firma Dr. Madaus in Radebeul ein nur 10% Nordseewasser enthaltendes Meerwasser in den Handel bringt. Demgegenüber empfehlen BRAUCHLE und seine Anhänger wiederum ausschließlich das zusatzfreie, kalt gereinigte natürliche Ostseewasser des Henkenhagener Meerwasservertriebs GmbH. im Ostseebad Henkenhagen bei Kolberg, das in seiner Zusammensetzung ungefähr als isotonisch bezeichnet werden kann und wohl, wie vermutet werden darf, gerade aus diesem Grunde gewählt worden ist, um etwaige Verdünnungen überflüssig zu machen.

Ferner wollen einzelne Autoren nur auf hoher See aus großer Tiefe geschöpftes Meerwasser zu Trinkkuren benutzen. Andere dagegen bevorzugen strandnahes Brunnenwasser oder in der Nähe des Strandes aus geringer Tiefe aus der See gewonnenes Wasser, das von hier aus durch Röhren zu einer auf dem Festlande befindlichen Zapfstelle geleitet und dort filtriert frisch getrunken oder sogar auf Flaschen gefüllt, nach Art der natürlichen und künstlichen Mineralwässer, als Versandwasser zu Trinkzwecken ins Binnenland geschickt werden kann, obwohl eine genaue Überprüfung der Wirksamkeit und chemischen Zusammensetzung derartigen Wassers noch aussteht.

Es leuchtet ein, daß je nach dem in Anwendung gebrachten Verfahren die Beschaffenheit der Meerwässer nicht unerheblich variieren muß, und daß, ebenso wie Wein und Wein nicht dasselbe ist, so auch jedes Seewasser für den internen Gebrauch seine individuelle Eigenart besitzt. Außerdem wissen wir auch heute schon durch BRAND, daß z. B. Reinheit und Salzgehalt des Kolberger Seewassers vor und nach der Filtrierung, sowie je nach der Jahreszeit, in der es gewonnen

---

[1] Siehe Mschr. Kinderheilk. **73**, 305—316 (1938).

und untersucht wurde, ganz erheblich schwankten. Ähnliche Beobachtungen liegen für ein anderes Seewasser vor, dessen Analysen Differenzen bis zu 50% der Chloride ergaben, und zwar vor allen Dingen je nach den verschiedenen Windrichtungen. Bei stärkeren landwärtigen Winden wird salzreicheres Meerwasser aus größerer Entfernung von der Küste, bei küstenparallelen Winden dagegen salzarmes Wasser aus Flußmündungen bis zur Entnahmestelle gelangen können und auf diese Weise eine gleichmäßige Beschaffenheit des Meerwassers, die wir für den Kurgebrauch verlangen müssen, nicht gewährleistet sein.

Auch hinsichtlich etwaiger Zusätze zum Seewasser für Trinkkuren besteht keinerlei Einmütigkeit unter den ärztlichen Beobachtern. Während BRAUCHLE und die Vertreter der Naturheilkunde, wie bereits betont wurde, nur das ganz natürliche Seewasser zu Trinkzwecken verwenden wollen, bevorzugen andere entbittertes und mit Kohlensäure versetztes Nordseewasser, wie es RÖMPLER zu seinen Untersuchungen herangezogen hat und wie es auch von der Firma Madaus als *Divis* Meerwasser-Heilgetränk im Handel zu haben ist, ein Nordseewasser, welches mit 90% an der Oberfläche geschöpften, angeblich schutz- und bakterienvernichtende Stoffe enthaltenden Wiesenwassers verdünnt wird.

Dazu kommt dann noch, daß auch über die eigentlichen *Wirkungen* des Meerwassers bei internem Gebrauch die Ansichten der Berichterstatter keineswegs harmonieren. Allgemein wird angenommen, daß es sich um eine Mineralsalztherapie handelt, ob hierbei aber die im Seewasser enthaltenen Salze direkt oder auf dem Umwege über hormonale und vegetative Funktionen auf die Magendarmschleimhaut und die Anhangsdrüsen des Darmes einwirken, ob hierbei etwa auch noch die im Meerwasser vorhandenen massenhaften Planktonteilchen oder die Spuren von Jod, Eisen, Kupfer, Silber und all den anderen Beimengungen von Bedeutung sind bzw. im Sinne eines Katalysators wirken, das alles sind Fragen, welche der Lösung harren und welche beweisen, wie kompliziert und wissenschaftlich ungeklärt bis auf den heutigen Tag das ganze Problem der zur Aussprache gestellten Meerwassertrinkkuren sich bei näherer Betrachtung gestaltet.

Möge es den nunmehr zu Worte kommenden Vortragenden gelingen, das hier herrschende Dunkel zu lüften und die Frage der internen Darreichung von Meerwasser zu Heilzwecken, welche, wie auch aus meinem Referate entnommen werden konnte, vielfach nur als grober Dilettantismus bezeichnet werden muß, so weit zu klären, daß übertriebene Erwartungen und Hoffnungen auf ein berechtigtes Maß zurückgeführt werden, und daß, wenn sich für gewisse Krankheitszustände die interne Anwendung von Seewasser als aussichtsreich erweisen sollte, hierfür durch planmäßige Vergleichsuntersuchungen im Interesse unserer Volksgesundheit gesicherte Indikationen herausgearbeitet und vor allem auch Vorkehrungen getroffen werden, daß nicht Volksvermögen für eine Sache aufgewandt wird, die es nicht voll und ganz verdient!

3. Chemie des Meerwassers.

Von

H. WATTENBERG - Kiel[1].

Mit 10 Abbildungen.

Jedem Arzt und Chemiker ist es geläufig, daß das Meerwasser nicht einfach eine 3 prozentige Kochsalzlösung ist, sondern daß es außerdem eine Reihe weiterer Salze, vor allem Magnesiumchlorid und -sulfat, Kalium- und Calciumsulfat enthält. Daß damit jedoch keineswegs die Zahl der Bestandteile des Seewassers erschöpft ist, und daß das chemische Bild des Meeres von größter Mannigfaltigkeit ist, soll im folgenden an einigen Beispielen gezeigt werden.

Zunächst geben wir eine Übersicht über die *Hauptsalzbestandteile*, die wir — entsprechend unserer heutigen Auffassung von der vollkommenen Dissoziation der Salze in wässeriger Lösung — in *Ionenform* schreiben (Tab. 1). Eine Angabe

Tabelle 1. Zusammensetzung des Meerwassers (19 °/$_{00}$ Cl, 34,33 °/$_{00}$ Salz). Hauptsalzbestandteile.

Kationen	g/kg	Millimol/kg	Anionen	g/kg	Millimol/kg
Natrium	10,47	455,0	Chlor	18,97	535,1
Kalium	0,38	9,7	Brom	0,065	0,81
Magnesium	1,28	52,5	Sulfat	2,65	27,6
Calcium	0,41	10,2	Bicarbonat	0,14	2,35
Strontium	0,013	0,15	Borsäure	0,027	0,44

in Salzmolekülen hat nur dann Sinn, wenn wir aus dem Seewasser eine bestimmte Ionenkombination, etwa durch Eindampfen, zur Ausscheidung bringen. In der Tabelle sind außer den lange bekannten Elementen auch das *Strontium* und das *Bor* angeführt, die erst vor wenigen Jahren aufgefunden und bestimmt worden sind.

Aus dem ungeheuren Vorrat, den das Weltmeer an diesen Elementen bietet, wird übrigens nur das *Brom* technisch ausgebeutet, wenn man von der Gewinnung von Seesalz in den Meersalinen absieht. Trotz seiner sehr geringen Konzentration läßt sich das Brom leicht in Freiheit setzen und in Rieseltürmen in gasförmigem Zustand mit Luft austreiben. Eine Anlage an der atlantischen Küste Nordamerikas produziert täglich 7000 kg Brom (an Äthylen gebunden) aus dem Meere.

Das Verhältnis aller dieser Ionen zueinander ist im ganzen Weltmeer konstant. Nur die Gesamtkonzentration, d. h. die Wassermenge, in der die Ionen gelöst sind, wechselt in mäßigen Grenzen (etwa zwischen 3,4 und 3,7%), vor allem durch

---

[1] Meereskundliche Arbeiten der Universität Kiel Nr. 47.

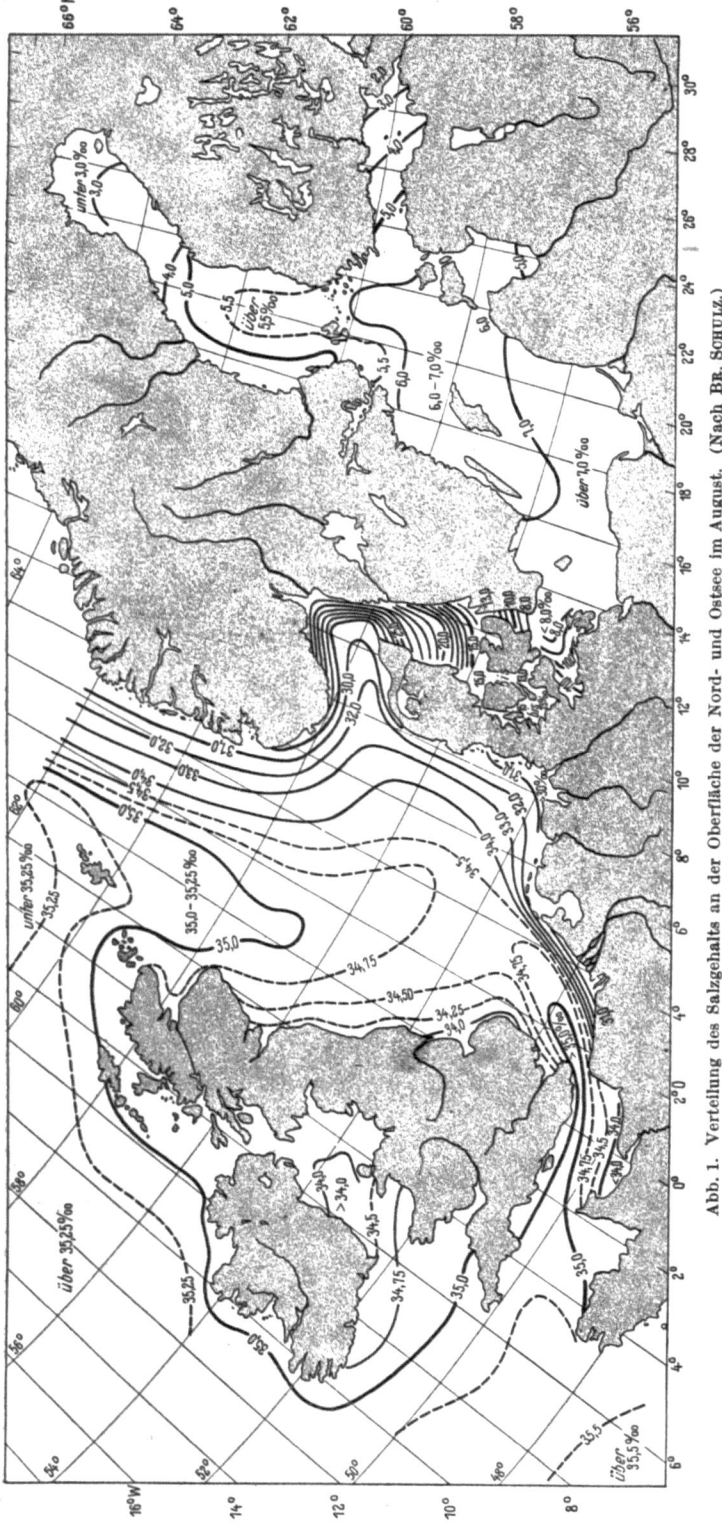

Abb. 1. Verteilung des Salzgehalts an der Oberfläche der Nord- und Ostsee im August. (Nach Br. Schulz.)

Niederschlag und Verdunstung. In Küstennähe dagegen, wo die Zuflüsse von Land eine stärkere Verdünnung bewirken, wie z. B. in den deutschen Meeren, haben wir zum Teil sehr beträchtliche Salzgehaltsunterschiede (vgl. Abb. 1).

Beim Calcium und den Bicarbonationen allerdings lassen sich bei sehr genauer Analyse kleine Abweichungen von der strengen Proportionalität feststellen, die durch biologische Abscheidung von Kalk, durch Auflösung von Kalk am Meeresboden und — vor allem in Küstennähe — durch die Zufuhr von Calciumcarbonat mit den Flußwässern bedingt sind. Diese Abweichungen betragen im allgemeinen jedoch kaum 1%. Viel größer werden sie bei Stoffen, die nur in sehr geringer Konzentration im Meerwasser vorkommen und trotzdem von den Organismen benötigt werden. Von diesen Stoffen wird später noch die Rede sein. Zunächst wollen wir uns mit demjenigen Baustoff der marinen Lebewesen beschäftigen, der mengenmäßig an erster Stelle steht, dem Kohlenstoff, der als *Kohlendioxyd* von den Pflanzen des Meeres aus dem Wasser aufgenommen wird. Da das Kohlendioxyd umgekehrt von den tierischen Organismen an das Wasser abgegeben wird und außerdem bei der Zersetzung der toten organischen Substanz entsteht, sich also in einem ständigen Kreislauf im Meere befindet, dazu aber auch mit den angrenzenden Phasen, der Atmosphäre und dem Meeresboden im Austausch steht, hat das *Kohlensäuresystem des Meeres* seit jeher die Meeresforscher aufs stärkste interessiert.

Das Kohlendioxyd ist nicht nur physikalisch im Seewasser gelöst, sondern liegt zum weitaus größten Teil in chemisch gebundener Form vor. Zwischen dieser als Carbonat und Bicarbonat gebundenen Kohlensäure, dem freien Kohlendioxyd und den Wasserstoffionen besteht ein Gleichgewicht, das streng dem Massenwirkungsgesetz, d. h. den Dissoziationsgleichungen der Kohlensäure, gehorcht:

$$\frac{[H^\cdot] \cdot [HCO_3']}{[H_2CO_3]} = K_1', \tag{1}$$

$$\frac{[H^\cdot] \cdot [CO_3'']}{[HCO_3']} = K_2'. \tag{2}$$

Das ist von großer praktischer Bedeutung, denn man kann so aus der leicht meßbaren Wasserstoffionenkonzentration die freie Kohlensäure, die Carbonat- und die Bicarbonat-Ionenkonzentration berechnen, wenn man die an Kohlensäure gebundene Basenmenge ($A = 2[CO_3''] + [HCO_3']$) kennt. Diese sog. Titrationsalkalinität ist aber infolge der Konstanz der Zusammensetzung des Meerwassers proportional dem Gesamtsalzgehalt ($A = 0{,}068 \cdot S\,^0/_{00}$). Die letzten Unstimmigkeiten bei der Berechnung wurden durch die Entdeckung der *Borsäure* im Meere beseitigt, die sich mit ihren Ionen ebenfalls an diesem Gleichgewichtssystem beteiligt.

Durch das Gleichgewicht zwischen freier Kohlensäure und Bicarbonat einerseits, zwischen Bicarbonat und Carbonat andererseits werden *Puffersysteme* gebildet, die bestrebt sind, das p_H konstant zu halten. Dadurch wird bei starkem Kohlendioxydverbrauch, wie er bei schneller Vermehrung des pflanzlichen Planktons auftritt, oder bei starker Kohlensäurezufuhr (bei dichter tierischer Bevölkerung oder Zersetzung größerer Mengen organischer Substanz) einer biologisch schädigenden Erhöhung oder Erniedrigung des p_H entgegengewirkt. Diese Puffersysteme ermöglichen daher erst die reiche Besiedlung des Meeres.

Für die Produktion des pflanzlichen Planktons, auf der sich schließlich alles weitere Leben im Meere aufbaut, ist ferner das Kohlensäuresystem mit seiner großen Reserve an Bicarbonaten eine unerschöpfliche Kohlenstoffquelle, die nicht entfernt durch eine rein physikalische Lösung von CO_2 gebildet werden könnte, da diese nur mit dem niedrigen Kohlensäurepartialdruck der Atmosphäre im Gleichgewicht steht. In diesem Falle würde die Produktion nur in dem bescheidenen Maße vor sich gehen können, als CO_2 aus der Atmosphäre nachgeliefert und in der einige hundert Meter mächtigen Assimilationsschicht verteilt würde.

Wollen wir uns noch einen kurzen Überblick über die *quantitativen Beziehungen* der Kohlensäurekomponenten zueinander verschaffen, so geschieht dies am besten an Hand eines Diagramms, das die einzelnen Bestandteile des Systems in ihrer prozentualen Verteilung als Funktion der Wasserstoffionenkonzentration darstellt (Abb. 2). Das Verhältnis von freier Kohlensäure, Bicarbonat und Carbonat ist in Abhängigkeit vom p_H dargestellt, das auf der Abszisse aufgetragen ist. Die S-förmigen Kurven trennen diese Bestandteile voneinander derart, daß für jedes p_H die prozentuale Zusammensetzung der gesamten vorhandenen Kohlensäuremenge an der Ordinate ablesbar ist. Für Seewasser gelten die voll ausgezogenen Kurven, für

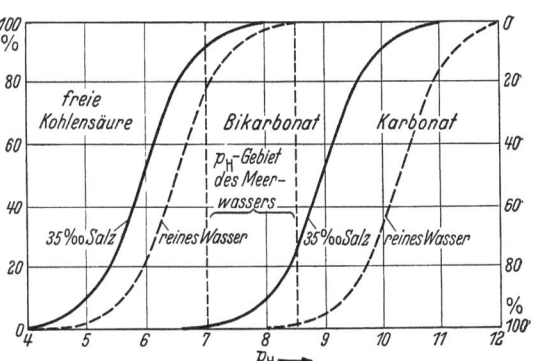

Abb. 2. Prozentuale Verteilung von freier Kohlensäure, Bicarbonat und Carbonat in Abhängigkeit von der Wasserstoffionenkonzentration (p_H). (Nach K. BUCH und Mitarbeiter.)

reines Wasser die gestrichelten. Die Kurven für Seewasser sind nach niedrigeren p_H-Werten verschoben. Das bedeutet, daß die Dissoziation der Kohlensäure im Meere *bedeutend größer ist als in salzfreien Lösungen*, und zwar dreimal stärker für die 1. Dissoziationsstufe, 30 mal stärker für die 2. Stufe.

Der im Meere normalerweise anzutreffende p_H-Bereich ist durch die beiden gestrichelten Senkrechten abgegrenzt, und man erkennt, daß alle drei Komponenten des Systems in merklicher Konzentration vorkommen, die Bicarbonationen allerdings in weit überwiegender Menge.

Dieser große Gehalt an Bicarbonaten, dem die Pufferkapazität und CO_2-Reserve des Seewassers zu verdanken ist, ist sicher nicht von Anfang an vorhanden gewesen, sondern erst im Laufe der geologischen Zeiträume durch dauernde Zufuhr von Erdalkalicarbonat mit den Flußwässern entstanden. Man sollte nun denken, daß dieser Prozeß auch heute noch fortschreitet, und daß das Meer daher einer immer stärkeren Anreicherung an Bicarbonaten zustrebt. Hier hat aber schon lange eine natürliche Regulierung eingesetzt, die durch das Löslichkeitsprodukt des Calciumcarbonats gegeben ist. Die Anreicherung an gelösten Bicarbonaten und den damit im Gleichgewicht befindlichen Carbonaten konnte nur so lange fortschreiten, bis das Löslichkeitsprodukt $[Ca^{..}] \cdot [CO_3'']$ im Meere erreicht war. Praktisch konnte die Konzentration noch etwas weiter ansteigen, da die Lösungen von $CaCO_3$ stark zu Übersättigungserscheinungen neigen. Ein Blick auf die *Karte der Sättigungsprozente des Oberflächenwassers an Kalk* im Atlantischen Ozean (Abb. 3) zeigt diese Erscheinung mit großer Deutlichkeit, es kommen Übersättigungen von 200—300% in den wärmeren Gegenden vor. Erst bei diesem Sättigungsgrad ist der Zustand erreicht, in dem die Zufuhr von Kalk durch die

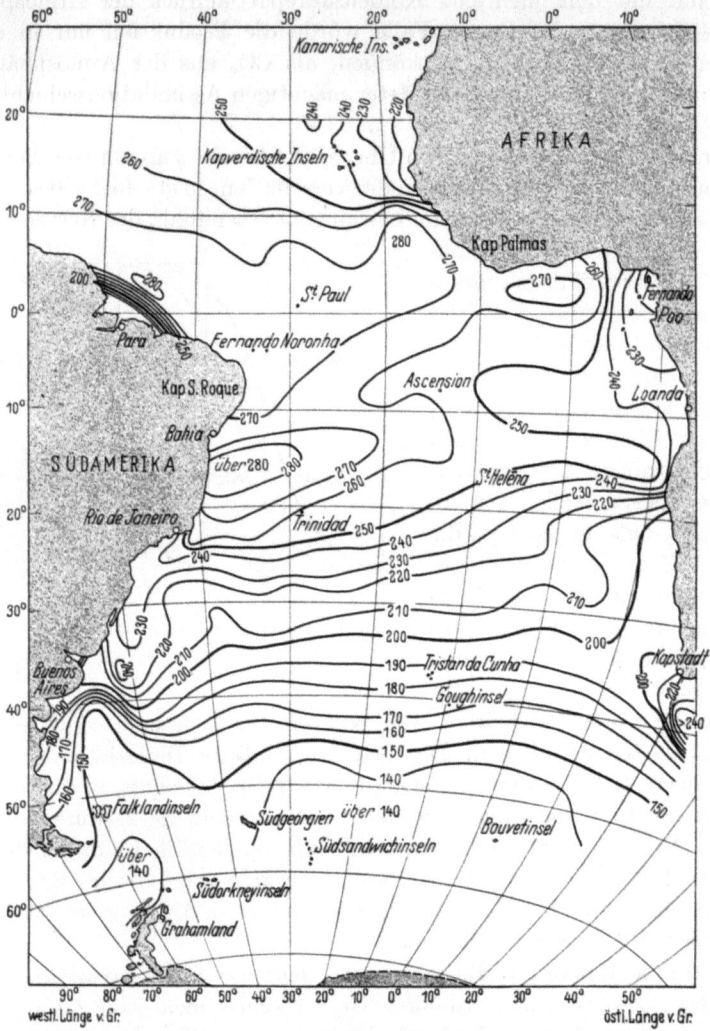

Abb. 3. Sättigungsprozente des Oberflächenwassers an $CaCO_3$ im Atlantischen Ozean.
(Nach den Ergebnissen der Meteor-Expedition.)

Flüsse kompensiert wird durch spontane chemische Ausfällung und durch biologische Ablagerung von Kalk in den Kalkorganismen, deren Kalkproduktion ebenfalls mit dem Ansteigen des Sättigungsgrades wächst. —

Wenn nun auch im Meere ein fast unerschöpflicher Vorrat an Kohlensäure zur Verfügung steht, so überschreitet die Planktonproduktion doch nie einen gewissen Betrag, dessen Höhe keineswegs durch die verfügbare CO_2-Menge bestimmt ist. Es müssen deshalb andere Stoffe die Entwicklung begrenzen, Stoffe, deren Natur schon vor fast 40 Jahren der Kieler Zoologe BRANDT vorausgesagt hat: es sind dieselben anorganischen Baustoffe des Protoplasmas, *Phosphor* und *Stickstoff*, deren Bedeutung für die Landpflanzen lange vorher LIEBIG erkannt hatte. Für das Meer konnte ihre ausschlaggebende Wirkung auf die Produktionsfähigkeit erst im letzten Jahrzehnt im vollen Umfang nachgewiesen werden, nachdem genügend empfindliche Analysenverfahren zur Bestimmung dieser geringen Spuren von Phosphaten und Stickstoffverbindungen entwickelt waren. Das Plankton — und damit alles Leben im Meere — kann sich nur in dem Maße vermehren, als Phosphor- und Stickstoffverbindungen zum Aufbau des Protoplasmas zur Verfügung stehen. Das ebenfalls lebensnotwendige Kalium wird nie zum begrenzenden Faktor, da es immer in reichlicher Menge vorhanden ist.

Nur die *Tiefenschichten* des Meeres enthalten größere Mengen an diesen lebensnotwendigen Mineralsalzen — es handelt sich wohlgemerkt auch hier höchstens um Konzentrationen von 0,05 mg Phosphor und 0,5 mg Stickstoff im

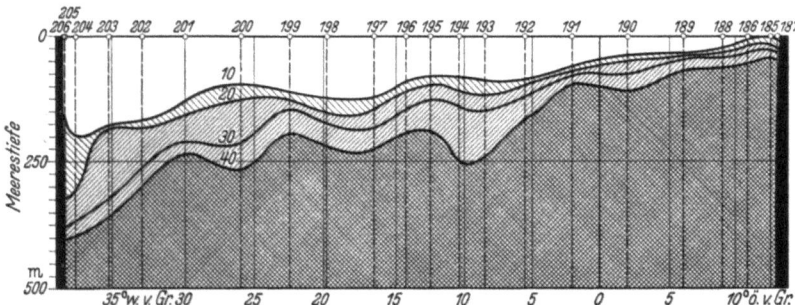

Abb. 4. Vertikale Verteilung der Phosphorsäure (γ P/Liter) auf einen Querschnitt durch den Südatlantischen Ozean in 9° S. (Nach den Ergebnissen der Meteor-Expedition.)

Liter (Abb. 4). In den *oberen Schichten* des Meeres sinken die Konzentrationen je nach dem Verbrauch bis auf wenige tausendstel Milligramm pro Liter. Die Planktonproduktion, die ja durch das notwendige Licht auf die oberen Schichten beschränkt ist, kann also nur in dem Maße vor sich gehen, als das nährstoffreiche Tiefenwasser an die Oberfläche gelangt. Wie eng dieser Zusammenhang z. B. im Atlantischen Ozean ist, zeigt ein Blick auf 2 Karten, in denen die *Zufuhr von Phosphat* aus der Tiefe (links) und die *Verteilung des Gesamtplanktons* einander gegenübergestellt sind (Abb. 5).

Bei der andauernden Produktion organischer Substanz würde nun aber trotz der großen Vorräte, die das Tiefenwasser enthält, das Meer längst an diesen Elementen verarmt sein, wenn sie nicht immer wieder regeneriert würden. Die Zufuhr dieser Nährsalze von außen spielt demgegenüber nur eine geringe Rolle, da die Flüsse nur verhältnismäßig wenig Phosphor- und Stickstoffverbindungen enthalten. Auch der mit den Niederschlägen direkt ins Meer gelangende, durch luftelektrische Entladungen gebundene Stickstoff ist zu vernachlässigen, wenn er auch, auf lange Sicht berechnet, dazu beiträgt, die dem Meere z. B. durch Denitrifizierung dauernd entzogenen Stickstoffmengen zu ersetzen.

Zum weitaus größten Teil befindet sich der *Phosphor und der Stickstoff im Meere in einem geschlossenen Kreislauf.* Dieser Kreislauf ist entweder, wie in der Nord- und Ostsee, ein *periodischer, jahreszeitlicher* und besteht dann im Verbrauch

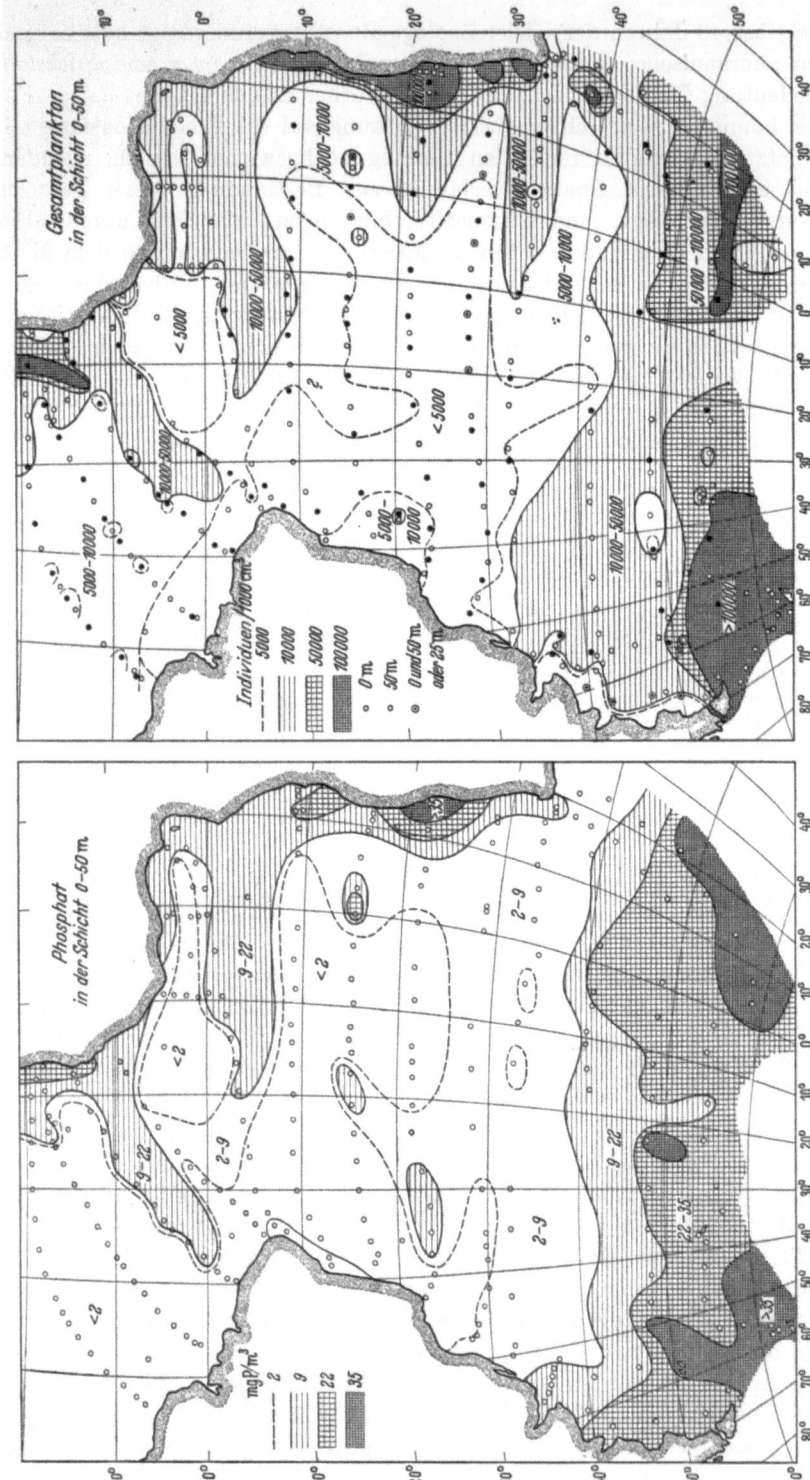

Abb. 5. Verteilung der Phosphorsäure und des Gesamtplanktons in der Oberflächenschicht des Südatlantischen Ozeans. (Nach E. HENTSCHEL und H. WATTENBERG.)

von gelösten Phosphaten und Nitraten im Frühjahr und Sommer durch das sich vermehrende Plankton, und einem Wiederfreiwerden des so organisch gebundenen Phosphors und Stickstoffs im Herbst und Winter nach dem Absterben dieser kurzlebigen Organismen (soweit sie nicht zur Ernährung größerer Meerestiere dienten). Oder der Kreislauf ist ein *kontinuierlicher*, und Verbrauch und Regeneration der Nährstoffe gehen räumlich getrennt vor sich, wie z. B. in den niederen Breiten, in denen die hohe Lichtintensität eine das ganze Jahr über andauernde Produktion ermöglicht: Dann haben wir Bindung der Nährstoffe in den Oberflächenschichten und Regeneration im Tiefenwasser nach dem Absinken der jeweils absterbenden Lebewesen.

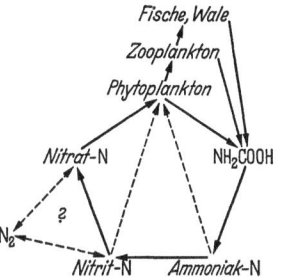

In beiden Fällen verläuft der Kreislauf über eine Reihe von chemisch definierten *Zwischenstufen*, so vor allem beim Stickstoff, bei dem mindestens 5 Stufen zu unterscheiden sind (Abb. 6). Die erste Stufe des Abbaus der organischen Proteinsubstanzen im Meere zu Aminosäuren ist am wenigsten bekannt, einfach wegen der analytischen Schwierigkeit, so geringe Mengen organischer Stickstoffverbindungen in Gegenwart der großen Salzmengen zu bestimmen und zu identifizieren.

Abb. 6. Stickstoffkreislauf im Meere. Die gestrichelten Pfeile geben Reaktionen von untergeordneter Bedeutung an.

Die folgenden Abbauprodukte, Ammoniak, Nitrit und Nitrat, sind heute auch bei Konzentrationen von wenigen Gamma pro Liter einigermaßen genau zu erfassen. Über die beteiligten *Reaktionsmechanismen*, sei es daß sie bakterieller, chemischer oder photochemischer Natur sind, sind wir allerdings noch ganz im ungewissen. Man sieht übrigens, in dem Bild durch gestrichelte Pfeile angedeutet, daß der Kreislauf in manchen Fällen schon beim Nitrit oder Ammoniak abgebrochen werden kann, das heißt mit anderen Worten, daß auch diese Verbindungen neben dem Nitrat vom Plankton verbraucht werden können. Eine Denitrifizierung zu gasförmigem Stickstoff, die man früher annahm, wird wohl kaum in größerem Umfang stattfinden.

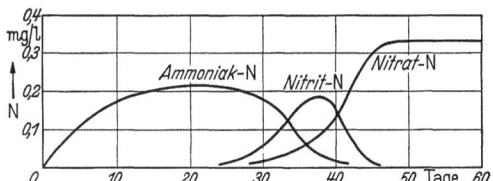

Abb. 7. Abbau von Plankton im Meerwasser in vitro. (Nach v. BRAND, RAKESTRAW und RENN.)

Außerordentlich klar läßt sich die zeitliche Aufeinanderfolge der Abbaustufen bei der Zersetzung von Plankton in natürlichem Seewasser *in vitro* verfolgen, wie Abb. 7 zeigt. Die Konzentration der drei anorganischen Stickstoffverbindungen wurde über fast 2 Monate verfolgt. Die Zeitdauer der einzelnen Etappen hängt stark von der Natur des Planktons, von der Temperatur und von anderen Milieubedingungen ab.

Man kann nicht erwarten, daß im Meere selbst, in dem Strömungs- und Vermischungsvorgänge die Verhältnisse komplizieren, eine solche klare Trennung der einzelnen Abbaustufen zutage tritt. Wir sind zufrieden, an dem *jahreszeitlichen Verlauf* der Ammoniak-, Nitrit- und Nitratkonzentration deutliche Hinweise auf einen grundsätzlich ähnlichen Verlauf erkennen zu können, wie man es in Abb. 8 für das Jahr 1931 im englischen Kanal sieht. Nach dem starken Abfall im Frühjahr und dem Minimum der Konzentrationen im Sommer setzt im Herbst nacheinander in mehreren Schüben die Regeneration von Ammoniak, Nitrit und Nitrat in dieser Reihenfolge ein.

Stickstoff und Phosphor sind nun *keineswegs die einzigen* biochemisch wirksamen Elemente unter den in Spuren im Meere vorkommenden Stoffen. Im Gegenteil — wir haben allen Grund zu der Annahme, daß noch viele andere Elemente eine, wenn auch zur Zeit noch nicht aufgeklärte Rolle im Stoffwechsel des Meeres spielen. Ein schweres Hindernis bei der Aufklärung solcher Zusammenhänge bilden die schon erwähnten analytischen Schwierigkeiten, die die Ursache dafür sind, daß alle älteren Zahlen über diese Elemente mit größter Skepsis zu betrachten sind. Wir können uns eigentlich nur auf die in den letzten ein oder zwei Jahrzehnten gewonnenen Werte einigermaßen verlassen. Auch die Tabelle 2 kann in vielen Fällen nur die Größenordnung des Vorkommens wiedergeben.

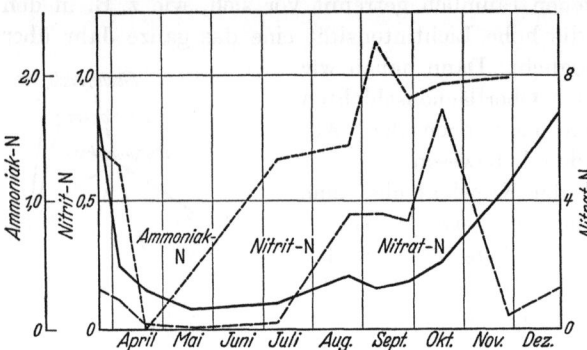

Abb. 8. Jahreszeitlicher Gang von Ammoniak-, Nitrit- und Nitratgehalt im englischen Kanal 1931 in der Tiefe. (Nach L. H. N. COOPER.)

Tabelle 2. Konzentration der spurenweise im Meere vorkommenden Elemente in γ/Liter.

Lithium	110	Gold	0,004
Rubidium	200	Uran	2
Caesium	2	Thorium	< 1
Barium	50	Radium	$1 \cdot 10^{-7}$
Aluminium	600	Jod	50
Eisen	2	Fluor	1400
Mangan	5	Selen	4
Nickel	0,1	Silicium	10—1500
Kupfer	5	Phosphor	1—60
Zink	5	Arsen	15
Quecksilber	0,03	Stickstoff	
Vanadium	0,3	Nitrat	1—600
Molybdän	0,5	Nitrit	0,1—50
Silber	0,3	Ammoniak	5—50

Die Konzentrationen sind, wie immer, in Gamma pro Liter oder, was dasselbe ist, in Milligramm pro Kubikmeter angegeben.

Es ist hier naturgemäß nicht möglich, auf alle diese Elemente einzugehen, nur einige seien herausgegriffen[1].

---

[1] Näheres über die spurenweise vorhandenen Elemente und die betreffende Literatur findet sich bei H. WATTENBERG (1938). Vom geochemischen Gesichtspunkt ist das Vorkommen dieser Bestandteile des Meerwassers kürzlich von V. M. GOLDSCHMIDT (1937) zusammenfassend behandelt worden, dem wir die Bestimmungen eines großen Teils dieser Elemente verdanken.

Das sonst allgegenwärtige *Eisen* ist im Seewasser nur in der außerordentlich geringen Menge von 1—2 γ pro Liter gelöst. Tatsächlich ist das Seewasser das eisenärmste natürliche Material, das wir kennen. Freie Fe^{III}-Ionen sind wegen des äußerst kleinen Löslichkeitsproduktes des Eisenhydroxyds praktisch überhaupt nicht vorhanden, sondern das Eisen liegt wahrscheinlich als *Fluorid* komplex gebunden vor. Die Pflanzen des Meeres, die größere Mengen bei der Assimilation benötigen, müssen nach HARVEY das Eisen aus ungelösten Partikeln von Eisenhydroxyd usw. aufnehmen.

Um die Bedeutung des *Kupfers* im Meere zu kennzeichnen, braucht nur darauf hingewiesen zu werden, daß der Blutfarbstoff vieler mariner Tiere, das *Hämocyanin*, Kupfer statt Eisen enthält. Merkwürdiger noch ist der Befund, daß Spuren von Kupfer, etwa 20 γ/l, absolut notwendig sind, damit sich die schwimmenden Larven der Austern festsetzen und die eigentlichen Austernmuscheln bilden. Man hat bereits in norwegischen Austernfjorden bei zu geringem Kupfergehalt eine Düngung mit Kupfersalzen vorgenommen. Über die Verteilung des Kupfers im Meere sind wir übrigens noch sehr mangelhaft unterrichtet.

Recht gut untersucht ist die *Kieselsäure* im Meere, die als Silicat gelöst ist und sich verhältnismäßig einfach colorimetrisch bestimmen läßt. Sie dient bekanntlich zum Aufbau der Schalen der wichtigsten Planktongruppe, der Diatomeen, ferner der Radiolarien, Kieselschwämme und anderer Kieselorganismen und kann unter Umständen daher

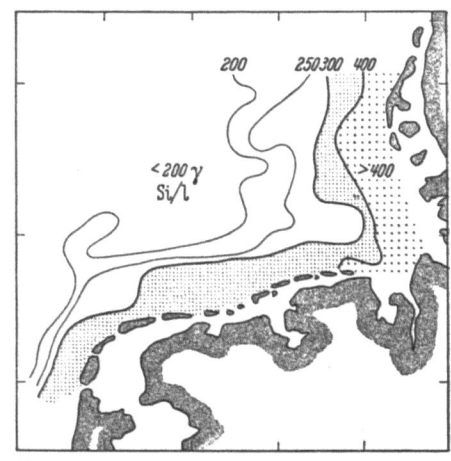

Abb. 9. Verteilung der Kieselsäure an der Oberfläche der Nordsee Februar 1936. (Nach K. KALLE.)

auch zum begrenzenden Faktor werden. Auch sie führt einen Kreislauf im Meere durch, der durch einfache Auflösung der Kieselschalen nach dem Absterben der Organismen geschlossen wird. Diese Auflösung ist besonders stark an flachen Küsten mit Gezeitenbewegungen, so daß sich unsere Nordseeküste durch ungewöhnlich hohe Silicatkonzentrationen auszeichnet (vgl. Abb. 9).

Eine gewisse Popularität errang das *Gold* des Meeres, leider zu Unrecht, seit gezeigt werden konnte, daß alles früher im Seewasser angeblich gefundene Gold aus den Reagenzien, aus der Luft und dem Flaschenglase stammte, und daß tatsächlich nur der 1500. Teil derjenigen Menge vorhanden ist, die ARRHENIUS auf Grund der damaligen Analysen angegeben hatte. Ein positives Ergebnis jedoch war die auffallende Feststellung, daß dieses Edelmetall nicht in den tiefsten, sondern in den *obersten* Wasserschichten angereichert ist und eine sehr ähnliche vertikale Verteilung aufweist wie das Plankton, an das es vielleicht in irgendeiner Form gebunden ist (Abb. 10).

Auf die übrigen in der Tabelle aufgeführten Elemente, wie das Arsen, Vanadin, Molybdän, Mangan, Jod usw., kann hier nicht eingegangen werden.

Zum Schluß nur noch ein paar Worte über die *Radioaktivität* des Meerwassers, wobei wir uns vor allem auf die Angaben von H. PETTERSSON stützen.

Bei den meisten Untersuchungen über die Aktivität des Seewassers ist nicht zwischen den einzelnen radioaktiven Elementen unterschieden, sondern die Gesamtaktivität gemessen und als Radium berechnet worden. Die meisten dieser Angaben sind wahrscheinlich um Zehnerpotenzen zu hoch, und der *Radiumgehalt* des Meeres ist extrem gering, viel geringer, als dem Gehalt des Seewassers an Uran entsprechen würde, das den Anfang der Radiumzerfallsreihe bildet. Das *Uran* ist immerhin in solcher Konzentration vorhanden, daß es sogar auf einem nicht elektrometrischen Wege bestimmt werden kann. Überhaupt nicht nachweisbar ist das *Thorium*, und man darf vermuten, daß die Armut sowohl an Thorium wie an Radium auf dieselbe Ursache zurückgeht, nämlich auf die Unlöslichkeit der Hydroxyde des Thoriums und seines Isotops, des Ioniums, die wahrscheinlich mit dem Eisen zusammen ausgefällt werden. Beim Ionium als der unmittelbaren Muttersubstanz des Radiums wird daher die Zerfallsreihe des Urans abgebrochen.

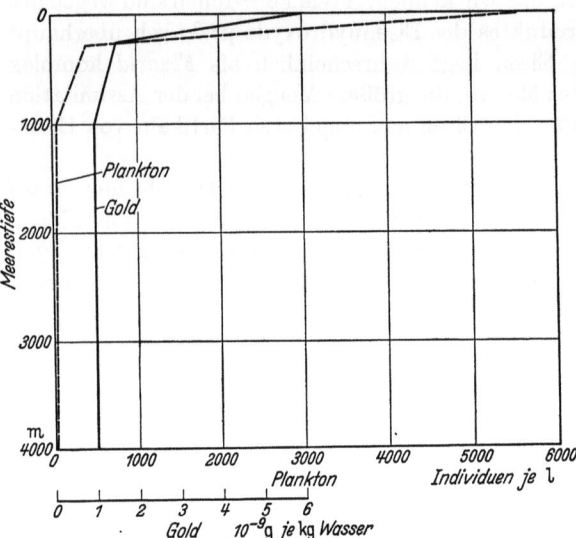

Abb. 10. Vertikale Verteilung des Goldes und des Planktons im tropischen Atlantischen Ozean.

Literatur.

BUCH, K., H. W. HARVEY, H. WATTENBERG u. ST. GRIPENBERG: Das Kohlensäuresystem im Meerwasser. Rapp. et Proc.-Verb. Conseil Int. **79**, 23 (1932).

COOPER, L. H. N.: The nitrogen cycle in the sea. J. Mar. biol. Assoc. U. Kingd. **22**, 183 (1937).

GOLDSCHMIDT, V. M.: The principles of distribution of chemical elements in minerals and rocks. J. chem. Soc. (Lond.) **1937**, 655.

HABER, F.: Das Gold im Meere. Z. d. Ges. f. Erdk., Erg.-H. 3 (1928); ferner J. JAENECKE: Habers Untersuchungen über das Gold im Meere. Naturwiss. **1935**. — HARVEY, H. W.: The supply of iron to diatoms. J. Mar. biol. Assoc. U. Kingd. **22**, 205 (1937). — HENTSCHEL, E., u. H. WATTENBERG: Plankton und Phosphat in den Oberflächenschichten des Südatlantischen Ozeans. Ann. Hydrogr. usw. **58**, 273 (1930).

KALLE, K.: Nährstoffuntersuchungen als hydrographisches Hilfsmittel zur Unterscheidung von Wasserkörpern. Ann. Hydrogr. usw. **65**, 1—18 (1937).

PETTERSSON, H.: Das Verhältnis Thorium zu Uran in den Gesteinen und im Meer. Mitt. Inst. f. Radiumforsch. Wien Nr. 400a.

SCHULZ, BR.: Hydrographie der Nord- und Ostsee, in „Tierwelt der Nord- und Ostsee". Leipzig 1932.

THOMPSON, TH. G., u. R. J. ROBINSON: Chemistry of the sea. Bull. Nat. Res. Council **85**, 507 (1932).

WATTENBERG, H.: Kohlensäure und Calciumcarbonat im Meere. Fortschr. Mineral. usw. **20**, 169 (1936) — Wiss. Ergebn. d. Meteor-Exped. 8 (1933) — Methoden zur Bestimmung von Phosphat, Silicat, Nitrit, Nitrat und Ammoniak im Seewasser. Rapp. et Proc.-Verb. Conseil Int. **103**, 3 (1937) — Zur Chemie des Meerwassers. Über die in Spuren vorkommenden Elemente. Z. anorg. Chem. **23** (1938).

4. Pharmakologie des Meerwassers.

Von

WALTER ZÖRKENDÖRFER und KARL SEIFERT - Breslau[1].

Das Meerwasser stellt eine Salzlösung mit Vorwalten von Na- und Cl-Ionen dar. Neben diesen enthält es aber noch eine Reihe anderer wichtiger Mineralstoffe, und ebensowenig wie die physiologische Kochsalzlösung die spezielle Ionenkombination des Blutserums voll zu ersetzen vermag — wie aus der allbekannten Überlegenheit der Ringerlösung ersichtlich ist —, ist das Meerwasser für die auf dieses Milieu eingestellten Lebewesen durch eine reine Kochsalzlösung ersetzbar. Nicht nur, daß eine Reihe von anderen Mineralstoffen für den Organismus unentbehrlich ist, welche die Bewohner des Meeres zum großen Teil dem Seewasser entnehmen (LOEB, HERBST), sondern eine reine Kochsalzlösung von der Konzentration des Meerwassers wirkt auch auf die Seetiere direkt giftig, und erst durch Antagonisten wird sie ähnlich der physiologischen Kochsalzlösung entgiftet. Daß es sich hierbei wirklich um direkte Giftwirkungen des Natriums handelt und nicht etwa nur um das Fehlen anderer lebensnotwendiger Stoffe, konnte mit besonderer Beweiskraft LOEB an einem Seefisch (Fundulus heteroclitus) zeigen, der auch in destilliertem Wasser fortzukommen vermag. Hier löst Kochsalzzusatz in der Konzentration des Meerwassers ausgesprochene Giftwirkung aus, welche durch mehrwertige Ionen wieder behoben werden.

Demnach dürfen wir das Meerwasser als Pharmakon durchaus nicht einseitig nach seinem Hauptbestandteil, dem Kochsalz, beurteilen, sondern müssen es als eine komplizierte Mineralsalzlösung von besonderen Eigenschaften betrachten, die sich aus der speziellen Ionenkonzentration ergibt. Eine Parallele hierzu werden wir am ehesten in den Mineralwässern mit Vorwalten von Natrium und Chlor, also den Kochsalz- und Solquellen, finden. Vom pharmakologisch-chemischen Gesichtspunkt aus können wir das Meerwasser also unter die Kochsalzquellen einreihen, wenn es natürlich auch kein Quellwasser ist und sich dementsprechend von der Mehrzahl der Kochsalzquellen in bestimmter Weise unterscheiden wird. Andererseits steht das Meerwasser auch den „physiologischen Salzlösungen" nahe, stellt es doch für die Meeresbewohner das physiologische Milieu dar und können wir die ursprünglichen Körperhöhlenflüssigkeiten der primitivsten Meerestiere genetisch als eingeschlossenes Meerwasser betrachten. So stammen denn auch unsere Körperflüssigkeiten letzten Endes vom Meerwasser ab und lassen noch eine Ähnlichkeit mit diesen erkennen. Allerdings nur eine Ähnlichkeit und keine völlige „Isoionie", wie dies neuerdings vielfach behauptet wird (BRAUCHLE,

---

[1] Aus der Reichsanstalt für das deutsche Bäderwesen an der Universität Breslau — Direktor Prof. Dr. H. VOGT.

MAHLA); liegt doch zwischen diesen beiden Gliedern eine weite Entwicklungsreihe, in welcher sich beide — Meerwasser wie Körperflüssigkeiten — verändert haben. Dem Meerwasser wurden immer neue Mineralstoffe in einem anderen Verhältnis, als solche im Meere vorhanden waren, zugeführt, und die Körperflüssigkeiten haben sich den Bedingungen und Bedürfnissen des Organismus angepaßt. So hat das Serum, den höheren Anforderungen des Stoffwechsels entsprechend, einen weit größeren Gehalt an Puffersubstanzen erworben. Es steht im Gegensatz zum Meerwasser nicht direkt mit der Außenatmosphäre im Gleichgewicht, sondern mit der Alveolarluft, wodurch eine höhere Kohlensäurespannung bedingt ist, und damit im Zusammenhang stehen wieder Gleichgewichte und Löslichkeitsverhältnisse verschiedener Ionen. So ist eine dem Blutserum wirklich identische Salzlösung an der freien Atmosphäre gar nicht beständig. Eine Steigerung, deren Konzentration auf das Drei- bis Vierfache (dem normalen Salzgehalt des Meerwassers), ist aus Gründen der Löslichkeit einiger Ionenkombinationen gar nicht möglich. Außerdem aber ist ja auch Meerwasser und Meerwasser nicht dasselbe. Wenn immer wieder hervorgehoben wird, daß sich das Wasser des Weltmeeres an verschiedenen Orten nur in seiner Konzentration unterscheiden soll, in seiner relativen Zusammensetzung aber überall gleich ist, so gilt dies nur für die Hauptbestandteile, weiter aber auch nur für das Weltmeer. Dagegen können kleine, abgeschlossene Meere oder Meeresbuchten wesentlich von der Zusammensetzung des Weltmeeres abweichen. Eine völlig andere Zusammensetzung zeigt zum Beispiel das Tote Meer, bei dem das Natrium sogar hinter dem Magnesium erst an zweiter Stelle steht.

Einen Vergleich des Meerwassers mit der Blutzusammensetzung zeigt Tabelle 1. Wir stellen hier die Hauptbestandteile nach dem für Mineralwasseranalysen üblichen Schema, der Ionentabelle, dar. Die durchschnittliche Zusammensetzung des Blutserums hat bereits HEUBNER in Form einer Ionentabelle dargestellt, welche wir hier übernehmen. Nur für das Sulfat-Ion setzen wir einen niedrigeren Wert ein, nachdem sich die ursprünglich angenommenen als zu hoch erwiesen haben. Als Beispiel einer Meerwasseranalyse verwenden wir eine von der Badeverwaltung Borkum mitgeteilte neue Analyse des dort zu Trinkzwecken ausgeschenkten Meerwassers nach Prof. JÖTTEN.

Tabelle 1.

	Borkumer Meerwasser			Blutserum		
	g	mg Äqu.	Äqu.%	g	mg Äqu.	Äqu.%
Na ...	8,57	373,6	73,0	3,00	130,0	91,5
K	0,2479	7,95	1,6	0,20	5,0	3,5
Ca ...	0,3539	17,66	3,4	0,10	5,0	3,5
Mg ...	1,085	112,4	22,0	0,025	2,0	1,5
Cl ...	15,48	436,7	91,3	3,55	100,0	77,8
SO_4 ...	1,95	40,7	8,6	0,02	0,5	0,4
HPO_4 ..	0,00023	0,0047	0,01	0,10	2,0	1,5
HCO_3 ..	0,0508	0,83	0,17	1,60	26,0	20,2

Ein Vergleich dieser beiden Tabellen zeigt in der letzten Spalte, der relativen Zusammensetzung in Äquivalentprozenten wohl eine Ähnlichkeit, aber doch auch wieder so deutliche Unterschiede (Mg, HCO_3 u. a.), daß von einer Identität der relativen Zusammensetzung gar keine Rede sein kann, von den in kleinen Mengen vorkommenden Stoffen ganz abgesehen.

So können wir das Meerwasser wenigstens für den Menschen nicht als physiologische äquilibrierte Salzlösung betrachten, sondern werden besser tun, es ähnlich wie die Kochsalzquellen als komplizierte Salzlösung von einer bestimmten individuellen Zusammensetzung anzusehen. Als Ersatz für das Blutserum kommt Meerwasser wegen seines hohen Magnesiumgehaltes gar nicht in Frage, denn es würde ausgesprochen toxisch wirken. Enthält doch das annähernd isotonische Ostseewasser etwa 70 mg% Magnesium, während ein Magnesiumgehalt des Blutes von nur 10—12 mg% bereits zur Magnesiumnarkose führt (SCHÜTZ).

Völlig verschieden von den physiologischen Flüssigkeiten ist der Gehalt an Minimalbestandteilen, welchen wir am Gesamtwirkungskomplex wohl ebenfalls einen gewissen Anteil zuschreiben müssen. So betrachtet ROST z. B. den Fluorgehalt des Meerwassers (WATTENBERG) vom toxikologischen Standpunkt aus sogar als bedenklich. Doch sind wir noch weit davon entfernt, über die Rolle jedes einzelnen dieser Stoffe etwas aussagen zu können.

Für andere Wirkungen wieder wird der Kochsalzgehalt eine ausschlaggebende Rolle spielen, so vor allem für direkte Lokalwirkungen auf Schleimhäute. Gerade hierfür ist auch die Konzentration des angewandten Wassers von ausschlaggebender Bedeutung. Im allgemeinen stellt Meerwasser eine stark hypertonische Lösung dar, entspricht es doch einer etwa 3—4proz. Kochsalzlösung. In dieser Konzentration kann es eben noch unverdünnt getrunken werden, während stärkere Kochsalzlösungen Übelkeit und Brechreiz auslösen. Doch können wir auch Meerwässer, deren Konzentration wesentlich tiefer liegt; von unseren deutschen Meeren gehört hierher die Ostsee mit einer osmotischen Konzentration um die Isotonie herum (lokal stark wechselnd). Am besten unterrichtet sind wir über die Wirkungen derartiger Wässer im Magendarmkanal. Hier kann das Wasser die Schleimhäute direkt benetzen und so die unmittelbarsten Wirkungen entfalten. Neben dem Chemismus ist gerade dabei auch die osmotische Konzentration von Bedeutung. Das Kochsalz regt die Magensaftsekretion im allgemeinen an (BOAS, v. SOHLERN, DAPPER), wenn dem auch besonders in älterer Zeit vielfach widersprochen worden ist (LERECHE, REICHMANN, SCHÜLE). Insbesondere Versuche von PAWLOW wie BICKEL und deren Mitarbeitern am kleinen Magen haben eine deutliche Steigerung der Säureproduktion auf Kochsalzgaben und Kochsalzquellen ergeben, wie eine Sensibilisierung auf einen nachfolgenden Nahrungsreiz (ROZENBLAT). SASAKI hat diese anregende Wirkung auch für das Ostseewasser nachgewiesen. Nach LÖNNQVIST wirken hypertonische Kochsalzlösungen stärker als isotonische. So ist denn bei den typischen Meerwässern, den hypertonischen, eine solche Wirkung erst recht zu erwarten. Mit Kochsalzquellen wurde auch die Übertragbarkeit der experimentellen Ergebnisse auf den Menschen nachgewiesen (MEINEL, BAUMSTARK).

Auf Grund dieser sekretionsanregenden Wirkungen liegt die Anwendung von derartigen Kochsalzwässern bei Subacidität nahe. Kurgemäßer Gebrauch über längere Zeit ließ auch vielfach eine Besserung der Magensaftsekretion erkennen (BOAS, DAPPER, HAEHNER). Auch bei Hyperacidität berichten DAPPER, HAEHNER u. a. über günstige Erfolge und schreiben den Kochsalzwässern nicht so sehr eine Sekretionsanregung, als vielmehr eine regulierende Wirkung zu. Ähnliche Folgerungen zieht auch Römpler aus seinen Untersuchungen über die Beeinflussung der Sekretionsverhältnisse des Magens durch Westerländer Kurwasser, welches ein entbittertes und mit Kohlensäure versetztes Meerwasser darstellt. Seine Ergebnisse sind jedoch nicht unbedingt auf unverändertes Meerwasser übertragbar, da die als Geschmackskorrigens zugesetzte Kohlensäure ebenfalls eine sekretionsbeeinflussende Wirkung besitzt (Penzoldt). Gleich günstige Erfolge der Meerwassertrinkkur bei Hyp- und Hyperacidität beobachteten weiterhin Carles und Barrère. Jedoch erscheinen die in allen diesen Arbeiten mitgeteilten hyperaciden Fälle viel weniger überzeugend als die subaciden. So erkennt denn Boas nur die sekretionssteigernde Wirkung von Kochsalzwässern als erwiesen an. Die Behandlung der Hyperacidität mit solchen lehnt er ab und führt die dabei beobachteten Erfolge auf die sonstige Behandlung (Diät usw.) zurück, welche ohne Mitwirkung der Kochsalzquellen — oder sogar trotz deren Verabreichung — zum Ziele geführt hat. Andererseits wird es hierbei oft auch auf das zugrunde liegende Leiden ankommen. Ist z. B. die Hyperacidität nur die sekundäre Folge einer entzündlichen Erkrankung, dann ist es wohl denkbar, daß mit Besserung der entzündlichen Erscheinungen durch eine Trinkkur auch die Hyperacidität zurückgeht, selbst wenn das betreffende Wasser an sich sekretionsanregend wirkt.

Im Darm sind zunächst die osmotischen Verhältnisse wichtig. Hypertonische Meerwässer werden schon im Magen verdünnt und der Isotonie genähert, verlassen den Magen aber lange bevor diese erreicht ist, obgleich ihre Verweildauer im Magen gegenüber anderen Flüssigkeiten verlängert ist (Römpler). Ein großer Teil gelangt also noch in hypertonischer Konzentration in den Darm. Dieser antwortet auf den osmotischen Reiz mit einer Verdünnungssekretion. So kommt es, ähnlich wie beim Bittersalz, zunächst zu einer Vermehrung der Darmfüllung und damit zu einer Verstärkung des Peristaltikreizes. Die Resorption geht langsamer vor sich als bei reinem Wasser. Von den Nebenbestandteilen wird sich besonders der Magnesiumgehalt im gleichen Sinne bemerkbar machen. Vielleicht kommt auch den hypertonischen Kochsalzlösungen selbst eine anregende Wirkung auf die Darmperistaltik zu (Bordenko). Allerdings ist dieser Versuch mit einer kohlensäurehaltigen Kochsalzquelle unter Umgehung des Magens angestellt, weswegen er nicht für das Kochsalz direkt beweisend ist.

Aus der Kombination von verlangsamter Resorption und beschleunigter Fortbewegung ergibt sich, daß Kochsalzlösungen bis in tiefere Darmabschnitte gelangen als reines Wasser, wie Best an Fistelhunden und Hirsch bei Menschen auf röntgenologischem Wege bewiesen haben. Bei entsprechender Dosierung kann das Wasser den ganzen Darmkanal durchlaufen und so zu einer Abführwirkung auf osmotischem Wege führen (Buchheim). Diese Abführwirkung wurde auch von Greenhow und Heyfelder u. a. nach dem Genuß großer Seewassermengen beobachtet. Daß eine solche osmotisch bedingte abführende Wirkung nicht nur durch schwer resorbierbare Salze erreichbar ist, sondern auch durch Kochsalz, steht einwandfrei fest, nur scheint diese Wirkung in der Meerwasserliteratur zum Teil überschätzt zu werden. Mehrfach (Siemens u. a.) werden unwahrscheinlich kleine Dosen angegeben und von solchen eine Abführwirkung behauptet. Dies hat uns veranlaßt, der Frage der Schwelle nachzugehen. Diese hat Loth an unserem Institut an Patienten des Wenzel-Hanke-Krankenhauses in Breslau bei etwa 10 g Kochsalz gefunden. Zu einer echten Abführwirkung sind also z. B. von einem $3^1/_2$proz. Meerwasser etwa 300 ccm pro dosi erforderlich, von Ostseewasser etwa 1 Liter. Kleinere Dosen führen nicht oder höchstens bei vereinzelten überempfindlichen Patienten ab, sicherlich aber nicht bei schweren chronischen Obstipationen. Hier sind eher höhere Dosen notwendig. Doch kommt auch kleineren, nicht abführenden Dosen eine Wirkung auf den Darm zu. Diese können wir in erster Linie darin erblicken, daß das Wasser in Darmabschnitte gelangt, wo für gewöhnlich der Inhalt schon mehr oder minder eingedickt ist und welche jedenfalls von gewöhnlichem Trinkwasser nicht mehr erreicht werden. So können wir mit gewöhnlichem Wasser nicht erreichbare Darmpartien durchspülen, wobei Schleim, Bakterien u. a. fortgeschwemmt werden und sich der Einfluß gelöster Salze auf die Schleimhaut bemerkbar machen kann.

Neben den eben geschilderten Wirkungen auf den Intestinaltrakt spielt die Beeinflussung der Tätigkeit der Anhangsdrüsen des Darmes eine Rolle. RÖMPLER fand nach Meerwassergaben (Westerländer Kurwasser) durch die Duodenalsonde einwandfreie Erhöhungen der Bilirubin-, Diastase- und Trypsinwerte im Darm. An diesen Wirkungen ist wohl auch das Magnesiumsulfat beteiligt, jedoch können sie wegen des geringen Gehalts des Seewassers an diesem Bestandteil nicht allein darauf bezogen werden (FODOR), und nach den Untersuchungen von FRAUDÉ und LANGNER an unserem Institut kommen auch kochsalzhaltigen Wässern choleretische Wirkungen zu. Zum Unterschied von Magnesiumsulfat in hohen Konzentrationen müssen wir hier die Steigerung der Gallenabsonderung auf eine vermehrte Sekretionstätigkeit der Leberzellen (STRANSKY, FRAUDÉ und LANGNER) zurückführen, nicht auf Entleerung der Gallenblase.

Die oben besprochenen Verhältnisse im Darm wirken sich auch auf den Wasserhaushalt aus, indem bei hypertonischen Meerwässern Körperwasser in den Darm hinein abgeschieden wird. Das weitere Schicksal sowohl dieses Wassers wie des getrunkenen, einschließlich der Mineralstoffe, hängt vom Eintritt und Umfang oder Ausbleiben der Abführwirkung ab. So kann denn der Wasserhaushalt je nach den Bedingungen in ganz verschiedener Weise beeinflußt werden, und diese Bedingungen wieder hängen von der Konzentration und Dosierung des Wassers ab. Durch große Mengen hypertonischer Lösungen kann dem Körper grundsätzlich Wasser entzogen werden (HAY). Hierzu sind aber so große Dosen notwendig, wie sie wenigstens für regelmäßige Trinkkuren praktisch nicht in Frage kommen. Im allgemeinen müssen wir also annehmen, daß das getrunkene Meerwasser, einschließlich der darin enthaltenen Salze, zum größten Teil resorbiert wird.

Die Wasserausscheidung wird nicht nur von der Menge des aufgenommenen bzw. resorbierten Wassers bedingt, sondern weitgehend auch von den Mineralsalzen. Ein inniger Zusammenhang des Wasserhaushaltes besteht ja gerade mit dem Kochsalz, und hierfür ist wieder das Verhältnis Wasser zu Salz, also die Konzentration des aufgenommenen Wassers, von ausschlaggebender Bedeutung.

Ganz allgemein wird die Wasserdiurese durch Kochsalz gehemmt, bei Anwendung isotonischer Lösung bis auf einen kleinen Bruchteil der normalen Wasserausscheidung herabgedrückt (STARKENSTEIN). Allmählich kommt das Wasser natürlich doch wieder zur Ausscheidung, insbesondere bei einer regelmäßigen Trinkkur, denn das Retentionsvermögen ist ja beim Gesunden wenigstens beschränkt. Anders natürlich beim Kranken mit einer Neigung zu Ödemen. In diesen Fällen können große Wassermengen zurückgehalten werden. Am deutlichsten kommt dies im VOLHARDschen Wasserversuch zum Ausdruck. In der eigentlichen Diureseperiode erscheint nur ein kleiner Teil des aufgenommenen Wassers wieder. Die Ausscheidung erfolgt stark verzögert. Etwas anders verhalten sich hypertonische Lösungen. Nach E. FREY ist hier die Diurese unabhängig von der Wasserzufuhr und wird nur durch die Salzzufuhr in der Zeiteinheit bestimmt. Wir sprechen dann von einer Salzdiurese. Wird gleichzeitig Wasser zugeführt, so wird die Bilanz bedingt durch die Wasserzufuhr und die Salzausscheidung. Für die Wasserausscheidung ist das Konzentrationsvermögen der Niere maßgebend. Der Kochsalzgehalt des Harns kann bis auf etwa 3% ansteigen (FALCK, MÜNZER, MAGNUS). Zu einer wirklichen Entwässerung kann es daher nur bei größeren Mengen einer Salzlösung oberhalb dieser Konzentration kommen, wie sie durch Trinken wegen der Abführwirkung nicht aufgenommen werden kann. Eine ausgesprochene Salzdiurese kommt daher kaum in Betracht.

Bei den Konzentrationen, wie sie im Meerwasser vorkommen, tritt also niemals eine starke Diurese ein, vielmehr wird die Wasserausscheidung stark verzögert und zieht sich mehr oder minder gleichmäßig über den ganzen Tag hin. Größere Wassermengen können ja ohne dies nur bei schwächer konzentrierten Wässern, wie dem der Ostsee, aufgenommen werden. So tritt die ausspülende Wirkung auf die Nieren, wie wir sie von vielen Mineralwässern her kennen, ganz zurück. Auch die Ausschwemmung von Stoffwechselschlacken, welche ja im allgemeinen an die Wasserdiurese gebunden ist, steht ganz im Hintergrund.

Anscheinend eine Ausnahme hiervon macht nur die Harnsäure, welche vielfach andere Wege geht. Für sie wurde auf Kochsalzquellen verschiedentlich eine erhöhte Ausscheidung gefunden (A. FREY, DAPPER, V. NOORDEN, LEBER). Nach FREY soll diese Wirkung von der Wasserdiurese unabhängig sein und die Wirkung des reinen Wassers weit übertreffen.

Auch Tierversuche an der weißen Ratte führten in unserem Institute zu ähnlichen Ergebnissen. Innerhalb einer bestimmten therapeutischen Breite führte Kochsalz zu einer Erhöhung der Harnsäureausscheidung (KATHE, STEFFENS). Da hier das Tränkwasser durch die entsprechenden Salzlösungen ersetzt, eine Mehraufnahme von Wasser also vermieden wurde, kann diese Wirkung nicht auf das Wasser, sondern nur auf die Mineralsalze bezogen werden. Bei Meerwasser hat BLOCH diese Wirkung mit Henkenhagener Wasser erzielt, während Nordseewasser bei der angewandten Dosierung diese Zone schon überschritt und eher eine Herabsetzung der Harnsäureausscheidung bewirkte. Dagegen erzielte sie beim Menschen nur mit Borkumer Nordseewasser eine deutliche Wirkung, während die Blutharnsäure zum Teil sank. So scheint hier eben die richtige Dosierung das Ausschlaggebende zu sein, worüber erst genaue Erfahrungen gesammelt werden müßten.

Weiterhin werden der Meerwassertrinkkur Wirkungen auf das Blutbild zugeschrieben (LISLE, BRAUCHLE). Dagegen haben Untersuchungen, die von dem einen von uns über 3 Monate mit Kaninchen durchgeführt wurden, gezeigt, daß in bezug auf das Verhalten des Hämoglobins, der Erythrocyten-, Leukocyten- und Reticulocyten- (vitalgranulierte Zellen) Zahl kein über den jahreszeitlich bedingten (STARKENSTEIN) hinausgehender Anstieg festzustellen ist.

Zahlreiche Autoren (u. a. EHMKE, BRAND) berichten über allgemein tonisierende Wirkungen bei Gebrauch von Meerwasser, die wohl ähnlich wie die bei Kuren mit Kochsalz- und besonders Solquellen erzielbaren aufzufassen sind. Hierbei handelt es sich aber weniger um eine spezifische Wirkung der Trinkkur auf den Organismus, als vielmehr der Badekur, die natürlich durch innerliche Anwendung des Wassers unterstützt werden kann. So sind wohl auch die von vielen Autoren (RUSSEL, BUCHAN, VOGEL, POUGET u. a.) der Trinkkur zugeschriebenen günstigen Wirkungen gegen die Skrofulose anzusehen, zumal sie auch die gleichzeitige Anwendung von Seebädern erwähnen. Es muß als verfehlt angesehen werden, die Träger dieser Wirkungen in den Algenbeimengungen und organischen Bestandteilen des Meerwassers zu vermuten. So versuchte z. B. NARDO die Wirksamkeit des Seewassers bei Skrofulose dadurch zu steigern, daß er es mit frischen Algen versetzt mehrere Tage in der Sonne stehen ließ, bis es einen „eigentümlichen starken Geruch" verbreitete! Auch MULZER und HOPF halten es für möglich, daß das in der Nähe von Flußmündungen entnommene Seewasser durch seinen Gehalt an organischen Zerfalls- und Schlammbestandteilen dem reinen Seewasser überlegen ist. Die Gefährlichkeit solcher Ansichten und Verfahren ist wohl am besten aus den Untersuchungsergebnissen PFANNENSTIELS zu erkennen. Es ist eben mit allem Nachdruck zu fordern, daß ein zu Kurzwecken verwandtes Meerwasser in hygienischer und bakteriologischer Hinsicht mindestens die gleichen Anforderungen erfüllt, die an jedes Trinkwasser gestellt werden. Diese Forderung ist selbst dann aufrechtzuerhalten, wenn durch die dazu notwendigen Aufbereitungsverfahren einige pharmakologische Eigenschaften des unveränderten Meerwassers verlorengingen. Dazu gehört vielleicht die von QUINTON gemachte Beobachtung, daß ein ausgebluteter Hund durch die Injektion von frischem unverändertem und durch Zusatz von dest. Wasser isotonisch gemachtem Seewasser am Leben erhalten wurde, während ein anderer, dem das gleiche, aber auf 120° erhitztes Wasser injiziert wurde, starb.

Ebenso problematisch erscheinen die Ansichten von HEISSLER, daß vielleicht auch die Hormone der Milliarden von Fischeiern an den spezifischen Wirkungen des Meerwassers beteiligt seien, und von KNOCHE, der Erscheinungen, die er nach der Injektion von Meerwasser an kastrierten weißen Mäusen beobachten konnte, als Brunsterscheinungen deutete.

Nachtrag.

Während der Drucklegung erschien noch SCHLEGELs Monographie: Meerwasser als Heilmittel, welche die Meerwassertrinkkur — wie auch die Injektionsbehandlung — warm empfiehlt. Sie stützt sich dabei vor allem auf die älteren Angaben (RUSSEL, QUINTON), während die neue Literatur vom homöopathischen Standpunkt aus betrachtet wird. Für das vorliegende Buch ergeben sich aus der Schrift SCHLEGELs keine neuen Gesichtspunkte.

Literatur.

BAUMSTARK: Arch. Verdgskrkh. **12**, 107 (1906). — BEST: Arch. Verdgskrkh. **19**. — BICKEL: Berl. klin. Wschr. **1905, 1906**. — BLOCH: erscheint demnächst. — BOAS: Verh. Ver. Inn. Med. Berlin 8 (1888). — BORDENKO: Z. Baln. **1**, 563; **2**, 142 (1909). — BRAND: Hippokrates 8, 1264 (1937). — BRAUCHLE: Naturärztl. Rundsch. **1933**, H. 10 — Die Heilkraft des Meerwassers. Reclams Universum. — BUCHAN: Treatise on sea-bathing. London 1818. — BUCHHEIM: Arch. physiol. Heilkde **1854**.

Carles u. Barrère: Bull. gén. Thér. méd. **1907**, H. 20.
Dapper: Z. klin. Med. **30**, 371 (1896).
Ehmke: Hippokrates **7**, 823 (1936).
Falck: Arch. physiol. Heilkde **12**, 150 (1853). — Fodor: Wien. med. Presse **1904**, Nr 47.
— Fraudé u. Langner: erscheint demnächst. Diss. Breslau. — Frey, A.: Balneologenkongreß **16** (1895). — Frey, E.: Pflügers Arch. **120**, 93 (1907).
Greenhow: London Med. Gaz. **17** (1835).
Haehner: Balneologe **4**, 410 (1937). — Hay: J. of Anat. a. Physiol. **16**, **17** (1882). — Heissler: Münch. med. Wschr. **1937**, Nr 22/23. — Herbst: Arch. Entw.Mechan. **9**, 617 (1901). — Heyfelder, zit. bei Brüning: Med. Welt **1937**, 1093. — Hirsch: Z. exper. Med. **32**, 307 (1923).
Jötten: Manuskript.
Kathe: erscheint demnächst. Diss. Breslau. — Knoche: Zbl. Gynäk. **1930**, 849.
Leber: Berlin. klin. Wschr. **1897**, 984. — Lereche: Rev. méd. Suisse rom. **1885**. — Lisle: Bull. gén. Thér. méd. **88**, 103 (1875). — Loeb: Biochem. Z. **31**, **32**, **33**, **39**, **43**. — Lönnqvist: Skand. Arch. Physiol. (Berl. u. Lpz.) **18**, 232 (1906). — Loth: erscheint demnächst.
Magnus: Schmiedebergs Arch. **44**, 396 (1900). — Mahla: Hippokrates **7**, 12 (1936). — Meinel: Z. physik. Ther. **8**, 323 (1905). — Münzer: Schmiedebergs Arch. **41**, 74 (1898). — Mulzer u. Hopf: Ther. Gegenwart **77**, 540 (1936).
Nardo: Filiatre Seebezio. Ref.: Schmidts Jahrb. **35**, 24 (1842). — v. Noorden: Über den Einfluß der schwachen Kochsalzquellen auf den Stoffwechsel des Menschen. Frankfurt 1896.
Pawlow: Die Arbeit der Verdauungsdrüsen. Wiesbaden 1900. — Penzoldt: Dtsch. Arch. klin. Med. **73**, 200 (1902). — Pfannenstiel: Vortrag a. d. Tagg. d. Dtsch. Ges. f. Bäder- u. Klimaheilkde, Kiel 1938. — Pouget: Die Seebäder. Leipzig 1852.
Quinton: L'eau de mer, milieu organique. Paris: Masson 1904.
Reichmann: Schmiedebergs Arch. **24** (1888). — Römpler: Inaug.-Diss. Kiel 1932. — Rost: Arch. Gewerbepath. **8**, 256 (1937). — Rozenblat: Biochem. Z. **4**, 500 (1907). — Russel: Dissertation on the use of seawather. London 1760.
Sasaki: Arch. Verdgskrkh. **12**, 201 (1906). — Schüle: Z. klin. Med. **28**, **29** (1896). — Schütz: Z. Baln. **7** (1914). — Siemens: Balneologe **4**, 252 (1937). — v. Sohlern: Berlin. klin. Wschr. **1897**. — Starkenstein: Schmiedebergs Arch. **104**, 6 (1924). — Steffens: erscheint demnächst. — Stransky: Biochem. Z. **143**, 438 (1923).
Vogel: Über den Nutzen und Gebrauch der Seebäder. Stendal 1794.

5. Beiträge zur Kenntnis der Einwirkung von Meerwassergaben auf Verdauung und Stoffwechsel bei Gesunden und Kranken.

Von

E. GRAFE-Würzburg[1].

Während über die Wirkungen von Meerwassertrinkkuren schon in steigendem Maße klinische Beobachtungen vorliegen, steckt die wissenschaftliche Analyse der sich dabei abspielenden Vorgänge noch in den allerersten Anfängen. Auf die Aufzählung und Besprechung der wenigen vorliegenden Arbeiten, besonders aus der SCHITTENHELMschen Klinik von RÖMBLER und dem Rudolf Heß-Krankenhaus usw., muß ich verzichten; Herr BRÜNING hat darüber schon referiert. Es ist ein großes Verdienst unseres Herrn Vorsitzenden, auf dieser terra incognita systematische Untersuchungen angeregt zu haben. Ich bin dem Wunsche, in unserer balneologischen Forschungsstelle uns daran zu beteiligen, um so lieber nachgekommen, als es sich beim Meerwasser, besonders dem der Nordsee, um eine so differente, kompliziert zusammengesetzte Flüssigkeit handelt, daß Einwirkungen auf gewisse Lebensvorgänge bei gesunden oder kranken Menschen mit einer gewissen Wahrscheinlichkeit zu erwarten waren.

Aus der Fülle der sich hier aufdrängenden Probleme haben wir, entsprechend dem von unserem Vorsitzenden aufgestellten Arbeitsplane, einige wichtige Fragen auf dem Gebiete der Einwirkung des Meerwassers auf Magendarmkanal und Stoffwechsel studiert. Die Untersuchungen wurden von dem Assistenten der Forschungsstelle, Herrn Dr. PETERSEN, im Laufe des letzten Jahres ausgeführt. Da er später ausführlicher und abschließend darüber berichten wird, kann ich mich heute mit der Mitteilung der wichtigsten Ergebnisse begnügen.

Sie betreffen die Wirkungen von Trinkkuren und Magenspülungen auf die Säureverhältnisse im Magen, von Duodenalspülungen auf den Galleabfluß, ferner von Trinkkuren auf die Darmtätigkeit. Aus dem Gebiete des Stoffwechsels wurde die Einwirkung von Meerwasser auf den Blutzucker und den Grundumsatz studiert. Die Versuche erstreckten sich sowohl auf einmalige Einflüsse wie, was wichtiger und aufschlußreicher erschien, auf die Untersuchungen von zweiwöchigen Dauerzufuhren. Zur Untersuchung kamen etwa 20 Gesunde und Kranke, unter denen sich fast ausschließlich Magendarm- und Gallenkranke befanden. Bei Stoffwechselkranken (Diabetikern und Basedowikern) sind unsere Untersuchungen noch nicht abgeschlossen. Im ganzen waren wir bestrebt, bei einzelnen Kranken möglichst viele Vorgänge zu studieren.

---

[1] Aus der Balneologischen Forschungsstelle der Medizinischen und Nervenklinik Würzburg.

Die Trinkkuren wurden in der Weise durchgeführt, daß die zu Untersuchenden morgens nüchtern $^1/_4$ l und nachmittags wiederum $^1/_4$ l Henkenhagener Ostseewasser (unverdünnt) oder Borkumer Wasser (1:3 verdünnt) zu sich nahmen. Die Aufnahme von unverdünntem Nordseewasser kam nur für den kurzfristigen Versuch in Betracht, da länger dauernde Darreichung am Widerwillen der Untersuchten scheiterten.

Den breitesten Raum nahmen in unseren Studien die Beobachtungen der Magensaftsekretion ein, die fortlaufend bei fraktionierter Aushebung verfolgt wurde. Selbstverständlich wurde in allen Versuchen eine konstante reizlose Diät eingehalten, und es wurden keine Medikamente gegeben. Auch wurde mit den Versuchen nicht sofort nach der Klinikaufnahme, sondern erst nach Erreichung eines gewissen stationären Zustandes begonnen. Von 12 Versuchsreihen blieb die Magensaftsekretion, beurteilt nach der fraktionierten Aushebung, zehnmal unbeeinflußt, wenn man von gewissen kleineren Schwankungen absieht, die noch als normal zu bewerten sind. Deutliche Ausschläge sahen wir zweimal. Bei einer hypaciden Gastritis wurden die zu Anfang sehr hohen Säurewerte von 110 bzw. 95 allmählich auf maximal 45 bzw. 30 herabgesetzt (Demonstration). Bei einer Kranken mit subacider Gastritis, die erst auf Histamin freie Säure bekam, stiegen die Zahlen auf normale Höhe an (Demonstration). Bei histamin-refraktärer Anacidität wurde nie ein Einfluß gesehen.

Bei einer Reihe von Kranken mit hypacider Gastritis wurden auch Meerwassermagenspülungen vorgenommen. In 2 Fällen wurden auch hier die anfangs stark erhöhten Werte allmählich völlig normal. Wir kamen also zu ähnlichen Resultaten wie RÖMBLER, wenn dieser sich auch nur mit einer einmaligen Stichprobenuntersuchung begnügte.

Die Beurteilung dieser zweifellos positiven Resultate hinsichtlich der ursächlichen Bedeutung des Meerwassers für ihr Zustandekommen ist natürlich sehr schwierig, da wir wissen, daß eine hyperacide chronische Gastritis (nur chronische Formen wurden genommen) sowohl durch Diät allein wie durch Magenspülungen mit physiologischer Kochsalzlösung auf die Dauer günstig beeinflußt werden kann. Ich muß mich daher vorläufig mit der Registrierung der Tatsachen begnügen.

Der Appetit erfuhr bei den meisten Kranken keine Änderung, nur in einzelnen Fällen wurde eine Besserung seit Beginn der Trinkkuren angegeben.

Die günstige Wirkung auf die Stuhlentleerung auch bei stärker Obstipierten ist schon lange bekannt und konnte auch von uns in fast allen Fällen bestätigt werden. Am stärksten, bis zu Durchfällen, war sie naturgemäß beim Trinken von unverdünntem Meerwasser, das aber für eine Dauerdarreichung wohl nur selten in Betracht kommt. Positive Indicanreaktionen im Urin wurden negativ.

Bei Duodenalspülungen mit 30—60 ccm körperwarmem Borkumer Meerwasser haben wir im Gegensatz zu den Erwartungen von Herrn BENSCH keine sichere Mehrausscheidung von Galle oder gar einen Gallenblasenreflex beobachten können. Der Magnesiumgehalt von etwa 0,5% ist dafür anscheinend zu gering. Trotz dieser negativen Ergebnisse halte ich eine günstige Wirkung des Meerwassers bei Leber- und Gallenwegskranken durchaus für möglich, zumal nach unseren Untersuchungen selbst bei so in dieser Richtung wirksamen Quellen wie denen von Kissingen und Mergentheim, mit Ausnahme der sehr starken Albertquelle, Duodenalspülungen gleichfalls keine sichere Einwirkung auf die Galleentleerung erkennen ließen.

Der Blutzucker, der bei 10 Stoffwechselgesunden nüchtern untersucht wurde, zeigte weder im einmaligen, über mehrere Stunden ausgedehnten Versuch, noch im Verlaufe einer zweiwöchigen Periode mit täglichen Gaben von zweimal $^1/_4$ l nüchtern, irgendeine sichere Veränderung. Meist verlaufen die Blutzuckerkurven wie eine gerade Linie. Bei der Prüfung des Staubeffektes war meist ein etwas geringerer Ausschlag da, aber auch nicht in einem Maße, das als sicher verändert zu bezeichnen ist. Bei Diabetikern mit erhöhtem Blutzucker sind unsere Beobachtungen noch zu gering, um bei der hier meist schwierigen Beurteilung ein Urteil zu gestatten.

Schließlich haben wir uns noch mit der Frage der Einwirkung von Borkumer Wasser auf den Grundumsatz beschäftigt, der in 5 Abständen von 45 Minuten fünfmal hintereinander mit der KROGHschen Methode verfolgt wurde.

In 6 Versuchsreihen bei Gesunden und Kranken mit normalem Grundumsatz kam es in der Hälfte der Fälle zu einem Absinken der Werte, das in der ersten oder zweiten Stunde am deutlichsten war, in den letzten Stunden näherten sich die Werte wieder dem des Ausgangspunktes (Demonstration).

Die Ausschläge sind stets gering, nur in 2 Versuchsabschnitten gingen sie über -10% heraus (bis maximal $-13,2\%$). Ein geringfügiges Absinken des Grundumsatzes im Laufe des Tages läßt sich manchmal bei nüchternen Menschen feststellen. Bemerkenswert ist nur, daß die Senkungen nicht zunehmen oder bleiben, etwa als Folge einer längeren Nüchternheit, sondern in den letzten Versuchsabschnitten wieder der Nullinie zustreben. Diese Befunde, die noch im großen Respirationsapparat kontrolliert werden müssen, sprechen, wenn sie sich weiter bestätigen sollten, für eine Einwirkung des Borkumer Wassers im Sinne einer geringfügigen Stoffwechselsenkung. Gewöhnliches Wasser von mittleren Temperaturen bis zu $^1/_2$ l getrunken, läßt nach Untersuchungen von LOEWY, LATSCHENKO, BENEDICT und CARPENTER den Grundumsatz unbeeinflußt, größere Mengen und sehr kaltes Wasser wirken nach SPECK, LUSK und anderen eher im Sinne der Steigerung. Wenn es sich um eine gesetzmäßige Wirkung handeln sollte, so ist es schwer verständlich, warum in einem Falle eine deutliche Steigerung ($+7,9$ bis $+10,7\%$), in zwei anderen Fällen die Werte im Durchschnitt nur Abweichungen von $+1,1$ bis $+1,9\%$ aufwiesen. Wodurch im Einzelfalle die verschiedene Reaktionsweise bedingt ist, haben wir bisher nicht feststellen können.

Kurz zusammengefaßt läßt sich als positives Ergebnis unserer Studien über die Einwirkung von Meerwasser auf den Magendarmkanal und den Stoffwechsel feststellen, daß die Verdauung in der Regel günstig beeinflußt wurde, daß in einzelnen Fällen pathologische Magensaftsekretionen sowohl im Sinne der Hyper- wie der Hypacidität normalisiert, und daß schließlich in der Hälfte der Fälle eine deutliche, sich später wieder ausgleichende Tendenz zur Senkung des Grundumsatzes vorhanden war. Da es sich, abgesehen von der Wirkung auf den Darm, um keine gesetzmäßigen Erscheinungen handelt, sondern nur um individuelle, in ihrer Genese nicht sicher eindeutige Reaktionsweisen, so halte ich es für verfrüht, aus diesen Ergebnissen etwa schon therapeutische Konsequenzen zu ziehen.

Hinsichtlich **Literaturangaben** wird auf die ausführliche, in der Zeitschrift „Der Balneologe" erscheinende Mitteilung von Herrn Dr. PETERSEN verwiesen.

6. Die Beeinflussung des Mineralstoffwechsels des Menschen durch Meerwassertrinkkuren.

Von

R. JAUP - Baden-Baden[1].

Mit 8 Abbildungen.

Bei allen Untersuchungen des Mineralstoffwechsels ergeben sich grundsätzlich zwei Schwierigkeiten. Die eine Schwierigkeit ist die, daß es aus personellen, zeitlichen oder auch aus finanziellen Gründen nicht möglich ist, den gesamten Mineralhaushalt gleichzeitig zu untersuchen. Und doch erscheint wegen des so wechselvollen Ionenantagonismus die gleichzeitige Untersuchung der wichtigsten Kationen, wie Natrium, Kalium, Calcium und Magnesium, und der wichtigsten Anionen, wie Chlor und Phosphat, wünschenswert. Die andere Schwierigkeit ist die Wahl des Versuchsobjektes. Die für den Transmineralisationsbegriff so grundlegenden und außerordentlich wichtigen Untersuchungen der WIECHOWSKIschen Schule wurden fast ausschließlich im Tierversuch durchgeführt. Aus zwei Gründen ist die Wahl des Tierversuchs für derartige Untersuchungen des Mineralstoffwechsels begreiflich. Die Tiere sind erstens wegen der Zuverlässigkeit bezüglich der Nahrungsaufnahme in vielen Fällen geeigneter für Stoffwechselversuche als „Versuchspersonen", und zweitens, was noch wichtiger ist, lassen sich im Tierversuch experimentelle Trinkkuruntersuchungen von beliebig langer Dauer durchführen. Wenn wir aber daran denken, wie z. B. bereits die verschiedenen Hormone den Mineralstoffwechsel des Menschen zu beeinflussen vermögen, so erscheint es doch problematisch, ob und wieviel man von den Ergebnissen der Tierversuche in diesen Fällen auf den Menschen übertragen kann. Trotz der oben genannten methodischen Schwierigkeiten wurde versucht, den gesamten Mineralhaushalt des Menschen unter dem Einfluß von Mineralwassertrinkkuren, speziell mit Meerwasser, zu untersuchen.

Die Untersuchungen wurden zum Teil gemeinschaftlich mit Frl. FÜSSEL durchgeführt. Die Versuche erstrecken sich über eine Gesamtdauer von 30 Tagen. Als Standardversuchskost wählten wir nach längeren Vorversuchen eine solche, die sich aus Brot (Vollkornkrackers der Firma Theinhardt, Stuttgart), einem besonderen Käse (Gebr. Wiedemann, Wangen i. Allg.), Milch, Dauerwurst und Citronensaft zusammensetzt. Auf die näheren Einzelheiten der Versuchskost wird hier nicht eingegangen, es wird darüber, ebenso über die analytischen Methoden, an anderer Stelle ausführlich berichtet werden. Wir hatten durch

---

[1] Balneologische Forschungsstelle der Medizinischen Universitätsklinik Freiburg in Baden-Baden — Vorstand: Prof. Dr. H. BOHNENKAMP.

Abmachungen mit den Herstellerfirmen Vorsorge getroffen, daß die Kost für die Dauer eines jeden einzelnen Versuches konstant blieb. Wir haben uns durch eigene analytische Untersuchungen des Mineralgehaltes der Kost von der Konstanz desselben überzeugt. Der Mineral-, Calorien- und Vitamingehalt der Kost waren ausreichend. Zu Beginn eines jeden Versuchs wurde eine zehntägige Einstellungsperiode durchgeführt, während der für jede einzelne Versuchsperson die notwendige Nahrungs- und Flüssigkeitsmenge ermittelt wurde. Dann folgte eine fünftägige Vorperiode. Die 24-Stunden-Harnmenge wurde peinlichst genau gesammelt und am folgenden Tage sofort Natrium, Kalium, Calcium, Magnesium, Chlor und Phosphor bestimmt. Der Stuhl wurde täglich abgesetzt und nach Bestimmung des Frischgewichts bis zur Gewichtskonstanz getrocknet. Die getrockneten Stuhlportionen der 5 Tage einer Periode wurden vermengt, und in 2 Proben des Gemischs wurden nach Veraschung die gleichen Kationen und Anionen analytisch bestimmt. Der Stuhl der einzelnen Perioden wurde in der üblichen Weise mit Kohle abgegrenzt. Die äußeren Versuchsbedingungen, d. h. die Dauer und Art der täglichen Arbeit, waren bei allen Versuchspersonen annähernd gleich, und es wurden insbesondere wegen der Möglichkeit eines Mineralverlustes durch die Haut infolge stärkerer Schweißsekretion jede körperliche Anstrengung und während der Sommermonate auch jede stärkere Besonnung vermieden.

Auf die erste Periode folgten je 2 Fünftageperioden mit zusätzlicher Mineralwasserzufuhr. Der Versuch wurde schließlich mit einer weiteren fünftägigen Nachperiode (ohne Mineralwasser) beendet. Wir untersuchten nun die Wirkung verschiedener Mineralwässer. Als Vertreter eines hypertonischen Wassers wählten wir Borkumer Nordseewasser, als nahezu blutisotonisches Mineralwasser das Henkenhagener Ostseewasser und als hypotonisches Wasser die Baden-Badener Friedrichsquelle. Das Badener Wasser ist ein heißes, schwach kochsalzhaltiges Mineralwasser mit einem Gesamtsalzgehalt von rund 3 g im Liter. Über den Mineralgehalt der beiden Meerwässer wurde an anderer Stelle bereits berichtet. Bei der täglichen Mineralwasserzufuhr richteten wir uns nach den kurüblichen Mengen. Wir gaben von der Badener Friedrichsquelle täglich 1000 ccm. Davon wurden morgens nüchtern 2 Becher zu je 250 ccm schluckweise im Laufe einer halben Stunde, und die restlichen 500 ccm im Laufe des Nachmittags getrunken. Vom Ostseewasser wurden 500 ccm unverdünnt und vom Nordseewasser 200 ccm unverdünnt täglich getrunken.

Bei dem großen Bestreben des Blutes, seinen Kationen- und Anionenbestand nicht zu verändern, war von vornherein anzunehmen, daß beim gesunden Menschen infolge einer Trinkkur sich keine nennenswerten Veränderungen im Mineralbestand des Blutes würden nachweisen lassen. Da die Zahl systematischer Blutuntersuchungen aber außerordentlich gering ist, hielten wir es doch für notwendig, bei einigen unserer Versuche Blutanalysen durchzuführen. Vor Beginn einer jeden Periode und am Ende des Versuchs wurde der Natrium-, Kalium-, Calcium-, Magnesium-, Chlor- und anorganische Phosphorgehalt des Serums bestimmt. In Abb. 1 sind die Ergebnisse solcher Blutanalysen in 2 Versuchen mit Henkenhagener Ostseewasser und in einem Vergleichsversuch mit Leitungswasser zusammengestellt. Die Schwankungen des Mineralgehalts des Serums sind nur unwesentlich, sie liegen im Bereich der physiologischen Schwankungsbreite des einzelnen Menschen.

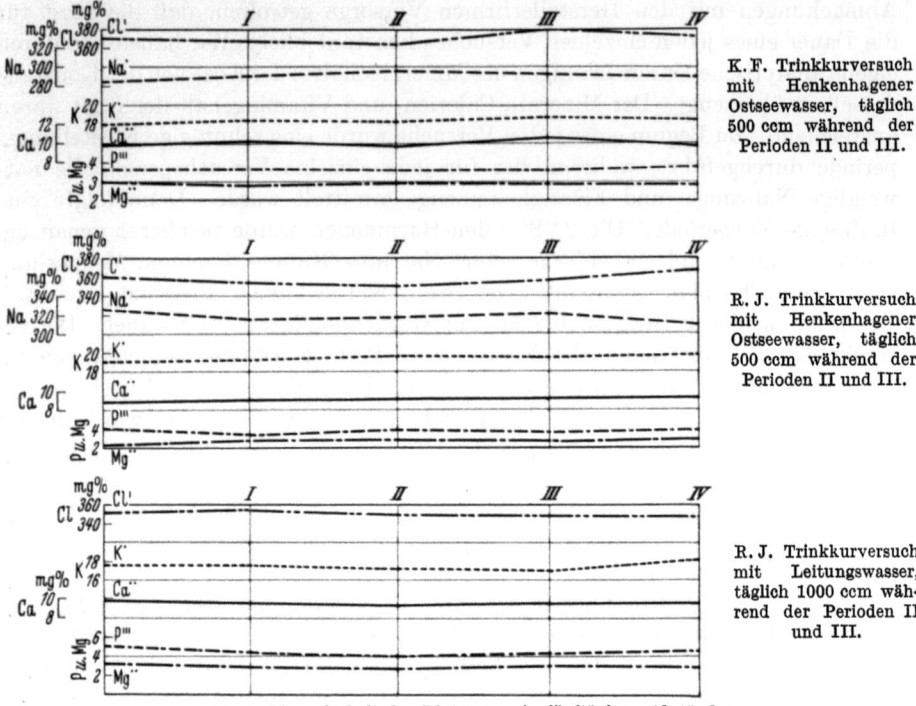

Abb. 1. Mineralgehalt des Blutserums in fünftägigen Abständen.

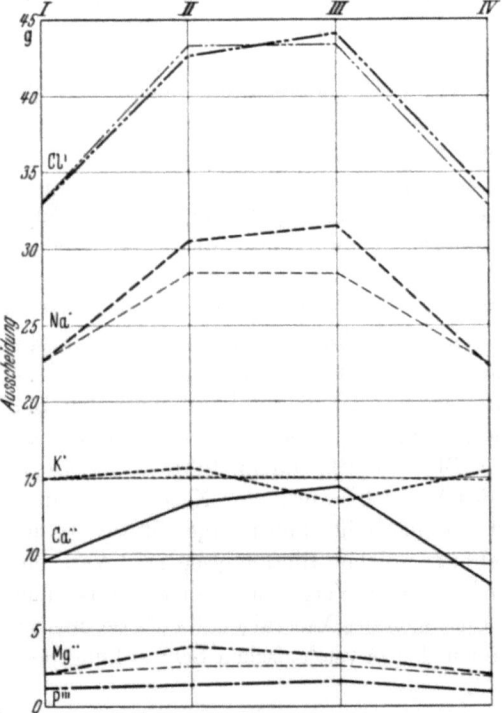

Abb. 2. R. J. Trinkkurversuch mit täglich 500 ccm Henkenhagener Ostseewasser. Ordinate: Ausscheidung der einzelnen Mineralien in Gramm in Harn und Faeces jeweils für eine Fünftageperiode. Abszisse: Die vier analysierten Perioden. Die jeweils feingezeichneten Kurven stellen die Mehrzufuhr an Mineralien während der Trinkkur (Perioden II und III) dar.

Es ist üblich, bei Mineralstoffwechseluntersuchungen das Ergebnis in Bilanzform auszudrücken. Diese Darstellungsweise erscheint für Natrium, Chlor und eventuell auch Kalium mit ihrem relativ raschen Stoffwechsel durchaus angebracht. Die bilanzförmige Darstellung des Calcium- und Magnesiumstoffwechsels ist dagegen wegen des relativ trägeren Bilanzstoffwechsels der Erdalkalien problematisch. Die Beurteilung des Bilanzstoffwechsels des Calciums ist auch dadurch so schwierig, da wir im Stuhl einmal unresorbiertes Calcium und andererseits resorbiertes und wieder in den Darm ausgeschiedenes Calcium vorfinden. Ebenso schwierig ist die Beurteilung des Bilanzstoffwechsels des Phosphors, da bei der zugeführten Nahrung der Phosphor überwiegend organisch gebunden ist und bei der Ausfuhr dagegen der organisch gebundene Anteil des Phosphors nur noch minimal ist.

Aus diesen Gründen wurde von der Bilanzdarstellung unserer Ergebnisse zunächst Abstand genommen und eine andere Darstellungsform gewählt. In Abb. 2 sind die Ergebnisse eines Versuchs mit Henkenhagener Ostseewasser dargestellt.

Die einzelnen Säulen stellen die vier analysierten Zeitabschnitte dar. Die jeweils stark gezeichneten Kurven entsprechen der Gesamtausscheidung der einzelnen Mineralien in Harn und Stuhl innerhalb einer fünftägigen Periode. Die feingezeichneten Kurven entsprechen der Mehrzufuhr eines jeden einzelnen Minerals während der Trinkkurperioden (Perioden 2 und 3). Bei der Chlorausscheidung sieht man deutlich, daß sie mit der Mehrzufuhr von Chlor während der Trinkkur steigt. Das Mehrangebot an Chlor wird vom Organismus wieder prompt ausgeschieden. Auch beim Natrium haben wir ähnliche Verhältnisse; in diesem Fall besteht jedoch eine Neigung zur geringen Mehrausscheidung. Am eindrucksvollsten ist das Verhalten des Calciums; es besteht während der Trinkkurperiode eine so starke Mehrausscheidung, daß z. B. bei bilanzförmiger Darstellung die infolge der calciumreichen Standardkost stark positive Calciumbilanz der Vorperiode während der Trinkkur negativ wird. Das Magnesium wird

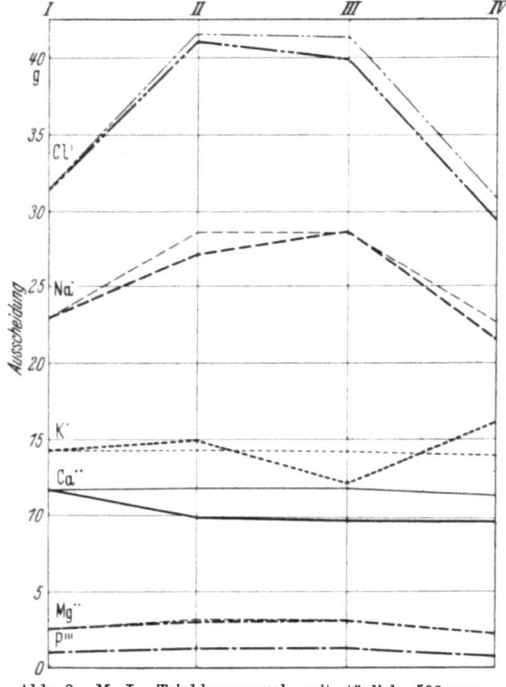

Abb. 3. M. J. Trinkkurversuch mit täglich 500 ccm Henkenhagener Ostseewasser. (Erläuterungen vgl. Abb. 2.)

ebenfalls während der Trinkkur vermehrt ausgeschieden. Die Kaliumausscheidung läuft in der zweiten Periode noch annähernd parallel der Natriumausscheidung, um sich in der dritten und vierten Periode dem Calcium entgegengesetzt zu verhalten. Bemerkenswert ist ferner noch der Stoffwechsel des Phosphors. Eine Mehrzufuhr an Phosphor findet während der Trinkkur nicht statt, da der Gehalt des Meerwassers im Liter an Phosphor nur Bruchteile eines Milligramms beträgt. In der ersten Trinkperiode werden rund 33% und in der zweiten rund 50% mehr ausgeschieden. Diese Mehrausscheidung des Phosphors wurde, um das vorweg zu nehmen, nicht nur in sämtlichen Trinkkurversuchen mit Mineralwasser, sondern auch in den Parallelversuchen mit Leitungswasser beobachtet.

In einem weiteren Versuch mit Henkenhagener Wasser (Abb. 3) werden Natrium und Chlor ebenfalls entsprechend der Mehrzufuhr wieder prompt ausgeschieden. Auffällig ist das Verhalten von Calcium und Magnesium, im Gegensatz zu dem eben gezeigten Versuch. Calcium wird sehr zurückgehalten, die Retention des Magnesiums kommt wegen des kleinen Maßstabs bei Magnesium

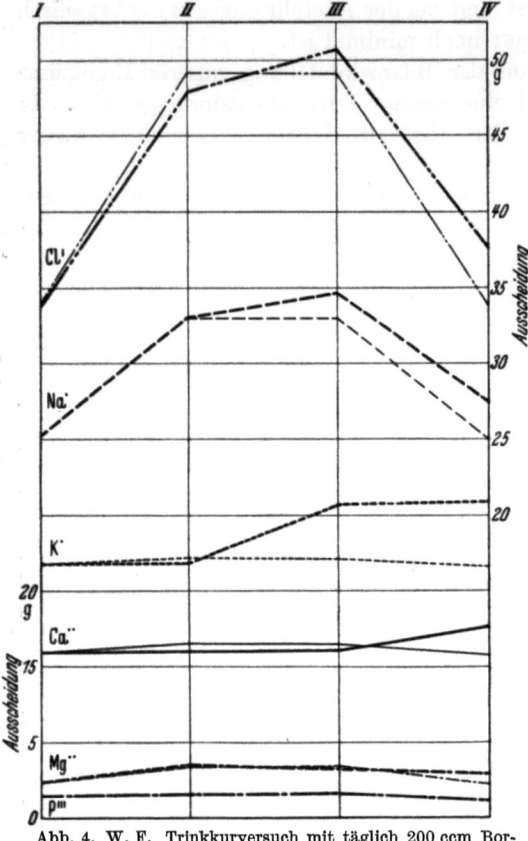

Abb. 4. W. F. Trinkkurversuch mit täglich 200 ccm Borkumer Nordseewasser. (Erläuterungen vgl. Abb. 2.)

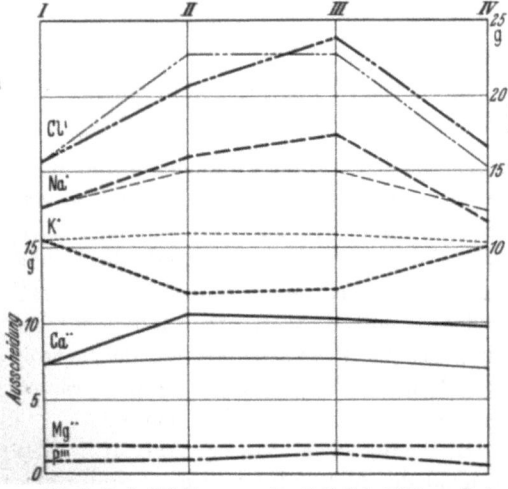

Abb. 5. R. J. Trinkkurversuch mit täglich 1000 ccm Baden-Badener Friedrichsquelle. (Erläuterungen vgl. Abb. 2.)

nicht so deutlich zum Ausdruck, sie beträgt aber bis zu 12% während der Trinkkur. Die Kalium- und Phosphorausscheidungen verhalten sich genau so wie im vorhergehenden Versuch. Auffallend ist nun, daß in diesen beiden Versuchen die Zufuhr an Calcium und Magnesium durch die Versuchskost annähernd gleich ist, und trotzdem dieses entgegengesetzte Verhalten der Ausscheidung zu beobachten ist. Da es sich in beiden Fällen um gesunde Versuchspersonen handelte, muß angenommen werden, daß andere, im einzelnen noch nicht übersehbare, wohl konstitutionelle Verhältnisse den Calcium- und Magnesiumstoffwechsel beeinflussen. Diese Feststellung erschwert die Deutung der Ergebnisse solcher Mineralstoffwechseluntersuchungen beim Menschen.

Das Ergebnis unseres ersten Trinkkurversuchs mit Borkumer Nordseewasser ist in Abb. 4 dargestellt. Natrium und Chlor werden wiederum der Mehrzufuhr entsprechend ausgeschieden. Beim Calcium und Magnesium finden wir ein ähnliches Verhalten wie in den von KÜHNAU mitgeteilten Tierversuchen. Die Retention ist jedoch außerordentlich gering. KÜHNAU konnte zeigen, daß bei den meisten seiner Versuchstiere die Zurückhaltung erst in der dritten Woche deutlich wurde und dann hohe Werte erreichte, so daß vermutet werden kann, daß bei Durchführung längerer Trinkkurversuche beim Menschen ähnliche Verhältnisse nachgewiesen werden können.

Die Ausscheidungskurven der einzelnen Mineralien bei einem

Versuch mit Baden-Badener Mineralwasser sind in Abb. 5 dargestellt. Chlor, Natrium und Phosphor verhalten sich wie in allen übrigen Versuchen. Calcium wird auch in diesem Versuch vermehrt ausgeschieden, Kalium im Gegensatz dazu beträchtlich retiniert.

Das in allen unseren seitherigen Versuchen gleichsinnige Verhalten des Natriums und des Chlors geht aus Abb. 6, in der die Ergebnisse mehrerer Versuche zusammengefaßt sind, noch deutlicher hervor. Die Mineralausscheidung in Harn und Stuhl in Gramm wurde in der Vorperiode in den Kurven der Ab-

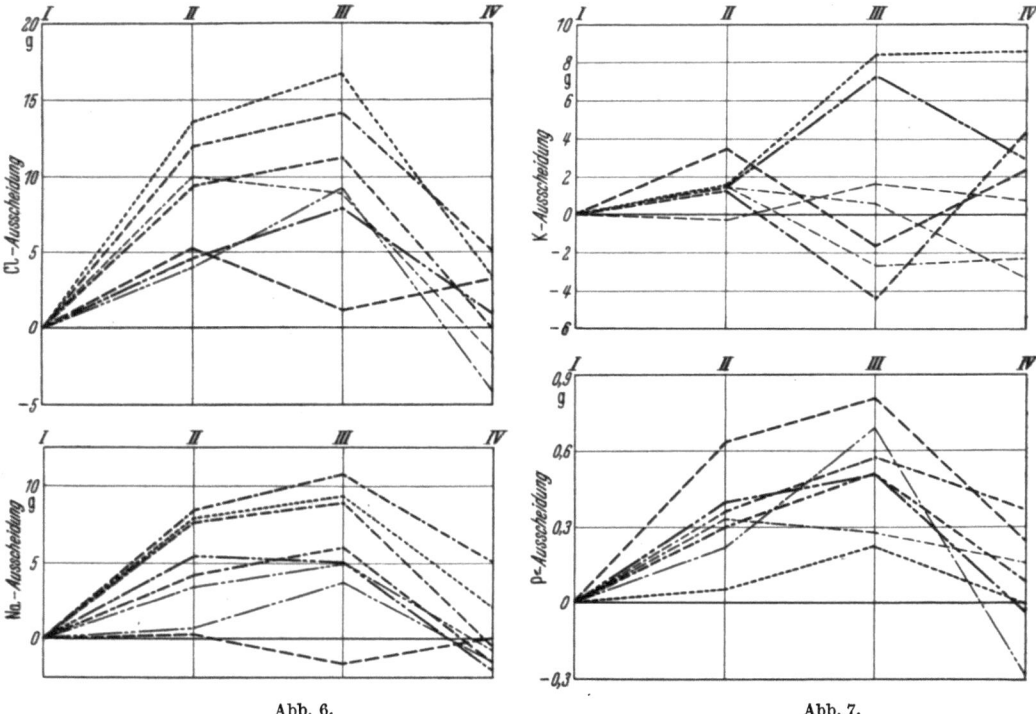

Abb. 6.   Abb. 7.

·········· Borkumer Nordseewasser. ——— Henkenhagener Ostseewasser. —·—·— Baden-Badener Friedrichsquelle. – – – – Leitungswasser. Ordinate: Die Gramm-Ausscheidung der einzelnen Mineralien in Harn und Faeces während der Periode I wurden gleich Null angenommen. Die Kurven zeigen die Mehrausscheidung oder die Retention der Mineralien in Gramm während der beiden Trinkkurperioden bzw. der Nachperiode.

bildungen 6—8 gleich Null angenommen. Die Ordinatenwerte der Perioden 2, 3 und 4 ergeben die Mehrausscheidung oder Zurückhaltung der einzelnen Mineralien während der Trinkkur und der Nachperiode im Vergleich zur Vorperiode an. Der Körper scheidet die während der Trinkkur zugeführten Natrium- und Chlorionen sofort wieder aus. Man sieht ferner ein gänzlich anderes Verhalten bei einem Leitungswasserversuch.

In Abb. 7 sind die Ausscheidungsverhältnisse des Kaliums und des Phosphors dargestellt. Eigenartig ist der Stoffwechsel des Kaliums. In der ersten Trinkkurperiode sind die Ausschläge im Vergleich zur Vorperiode noch gering, um erst in der zweiten Trinkkurperiode größer zu werden. Meistens verhält sich das Kalium gegensätzlich zum Calcium. Beim Phosphor findet in sämtlichen Versuchen, auch in den Versuchen mit Leitungswasser, eine Mehrausscheidung während der Trinkkurperioden statt. Diese Ausschwemmung ist daher in keiner Weise für die untersuchten Mineralwässer charakteristisch, sondern sie ist lediglich als eine Folge der erhöhten Diurese während der Trinkkur anzusehen.

Aus den Ausscheidungskurven von Calcium und Magnesium in Abb. 8 ist deutlich zu erkennen, daß die größten Mineralisationsänderungen bei unseren seitherigen Mineralwasseruntersuchungen im Calcium- und Magnesiumstoffwechsel nachgewiesen werden konnten.

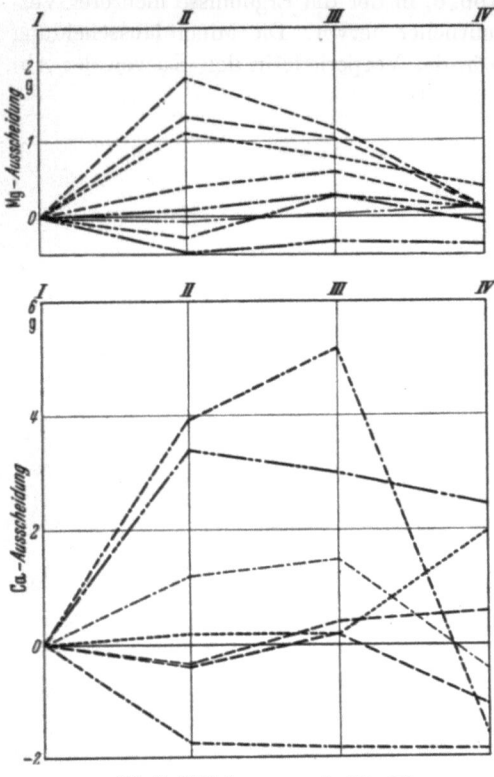

Abb. 8. Erläuterungen vgl. Abb. 6/7.

Zusammenfassend kann über das Ergebnis unserer Untersuchungen folgendes gesagt werden: 1. Irgendwelche nennenswerten Änderungen im Mineralbestand des Blutes konnten bei gesunden Versuchspersonen während der Meerwassertrinkkuren nicht beobachtet werden. 2. Natrium und Chlor werden dem Mehrangebot während der Trinkkur entsprechend wieder ausgeschieden, und zwar ist es gleichgültig, ob es sich um ein hypertonisches Nordseewasser, nahezu isotonisches Ostseewasser oder hypotonisches Mineralwasser handelt. 3. In allen Trinkkurversuchen konnte eine erhöhte Phosphorausscheidung während der Trinkkur nachgewiesen werden. 4. Es fand sich in jedem Versuch eine deutliche Beeinflussung des Calcium- und Magnesiumstoffwechsels. Die Beeinflussung des Stoffwechsels der Erdalkalien war nun aber in auffallender Weise sehr wechselnd. In einigen Fällen wurden gleichzeitig Calcium und Magnesium im Körper zurückgehalten, in anderen Fällen Calcium und Magnesium gleichzeitig vermehrt ausgeschieden. Wir fanden aber auch, daß eine Retention von Calcium neben einer Mehrausscheidung von Magnesium einherging.

Es ist zu erwarten, daß trotz der großen methodischen Schwierigkeiten, die auch diese Untersuchungen, besonders im Anfang, beträchtlich erschweren, es mit größeren Versuchsreihen noch einmal gelingen wird, klarer als bisher die verwickelten Einzelheiten des Mineralstoffwechsels während der Trinkkur zu erkennen. Zunächst war es erforderlich, eine größere Anzahl derartiger Untersuchungen beim gesunden Menschen durchzuführen. Bei den beabsichtigten Untersuchungen bei Kranken werden sicher, insbesondere wenn die Dauer der Trinkkur verlängert wird, weitere Einflüsse auf den Mineralstoffwechsel nachweisbar sein. Erst dann wird es möglich sein, bei Störungen des Mineralstoffwechsels exakte Heilanzeigen aufzustellen.

7. Meerwassertrinkkur und Mineralstoffwechsel.

Von

J. KÜHNAU - Wiesbaden[1].

Die Frage nach der Beeinflußbarkeit des Mineralstoffwechsels durch Meerwassertrinkkuren ist nicht nur vom praktisch-therapeutischen Standpunkt aus von größtem Interesse. Wenn man von der Tatsache ausgeht, daß alles organismische Leben letzten Endes aus dem Meere stammt, so muß man zum mindesten die Möglichkeit anerkennen, daß sich aus dem Studium der Wirkungen peroraler Meerwasserzufuhr Erkenntnisse entwicklungsgeschichtlicher oder phylogenetischer Natur ergeben, die auf die Vorgänge des Mineralstoffwechsels ein ganz neues Licht zu werfen geeignet sind, und die für die ganze Balneologie fruchtbringend sein können. Insbesondere scheint sich so zum erstenmal ein Weg zur experimentellen Prüfung der alten, bisher nie exakt bewiesenen Hypothese, daß die Trinkkurbehandlung eine ,,Konstitutionstherapie" sei, zu bieten.

Es ist den Physiologen und Pharmakologen seit langer Zeit bekannt, daß (verdünntes) Meerwasser ein ideales Nährmedium für überlebende Gewebe und Organe darstellt und der bekannten Ringer- oder Tyrodelösung gleichwertig ist. Der Grund hierfür ist in zwei Tatsachen zu suchen: einmal darin, daß das Meerwasser alle lebens- und funktionswichtigen Elemente enthält, auch jene vorwiegend katalytisch wirkenden Metalle, von denen der Organismus nur Spuren benötigt (Mangan, Zink, Kupfer); zweitens darin, daß die Inhaltsstoffe des Meerwassers sich hier etwa im gleichen Mengenverhältnis vorfinden wie in den Organflüssigkeiten. Die biologisch so wichtigen antagonistischen oder synergistischen Wechselbeziehungen der Ionen sind dadurch, daß die wirksamen Ionen im Meerwasser wie in den biologischen Medien zueinander im gleichen zahlenmäßigen Verhältnis stehen, hier wie dort auf das gleiche Wirkungsmaß abgestimmt. Offenbar hat sich das Protoplasma schon in sehr frühen Entwicklungsstadien an eine bestimmte Kationenrelation angepaßt und diese auch später zäh festgehalten. Nur *ein* lebenswichtiges Element bildet eine Ausnahme von dieser Regel, das *Magnesium*. Während die Relation Na:K:Ca im Seewasser, in der Leibeshöhlenflüssigkeit von Seetieren und im menschlichen Blutserum annähernd den gleichen Wert ([25 ± 5] : [1,5 ± 0,4] : 1) aufweist, ist der Wert für den Quotienten Mg:Ca im Seewasser um etwa das Zehnfache höher als im Blutserum. Der englische Physiologe MACALLUM erklärte die Differenz des Magnesiumgehalts von Meerwasser und Blutserum der Landtiere mit der Annahme, daß das Meerwasser der Cambriumzeit, aus dem sich die heutigen Landtiere entwickelt haben, weniger Magnesium enthalten habe als das heutige Meerwasser. Diese Auffassung ist

---

[1] Forschungsinstitut für Bäderkunde und Stoffwechsel, Wiesbaden.

jedoch nach BETHE abzulehnen, da sich bei See- und Landtieren artspezifische, vom Milieu unabhängige Unterschiede im Mineralgehalt des Serums ergeben haben. Immerhin zeigt ein Vergleich der Werte für die Quotienten Mg:Ca und Mg:K in den Blutflüssigkeiten der See- und Landtiere, daß auch unter Berücksichtigung der artspezifischen Unterschiede der Anteil des Magnesiums an der Summe der Kationen des Blutes bei den Seetieren 10—20mal größer ist als bei den Landtieren (Tabelle 1).

Die *absoluten* Werte des Magnesiumgehalts sind wegen der stark wechselnden Konzentration der festen Bestandteile in den einzelnen Blutarten für Vergleichszwecke bedeutungslos und wurden daher nicht in die Tabelle aufgenommen.

Tabelle 1. Magnesiumgehalt des Meerwassers und des Blutserums von See- und Landtieren, bezogen auf dessen

	Calciumgehalt = 100	Kaliumgehalt = 100
Meerwasser[1]		
Atlantik	311	334
Mittelmeer	284	330
Ostsee	212	407
Meerestiere (BETHE und BERGER)		
Crustaceen: Hyas aranea	195	179
Cancer pagurus	130	89
Carcinus maenas	130	131
Maja verrucosa	196	?
Echinodermen: Echinus esculentus	240	214
Holothuria stellata	253	269
Mollusken: Doris tuberculata	275	237
Aplysia punctata	243	276
Sipunculus nudus	214	206
Landlebewesen und Süßwassertiere		
Säuger: Mensch (HEUBNER)	25	12,5
Hund (MORGULIS)	21	10,7
Vögel: Huhn (DYER und ROSE)	19	10,9
Reptilien: Krokodil (DILL)	33	14,5
Fische: Schleie (PÜSCHEL)	34	25
Mollusken: Weinbergschnecke (LUSTIG)	11	10,3

Weitere Werte der Relation Mg:Ca bei Säugern s. Tabelle 3.

Nun ist bekannt, daß beim Warmblüter in der Asche der Muskulatur wesentlich mehr Mg enthalten ist als in der des Blutes, und die Relation Mg:Ca in der Muskulatur etwa den gleichen Wert hat wie die im Meerwasser. Man könnte also den Einwand erheben, daß das Magnesium des Meerwassers, das sich bei Seetieren vorwiegend im Blut vorfindet, auf einer höheren Entwicklungsstufe und beim Übergang zum Landleben in die Muskulatur abwandert. Tabelle 2 zeigt, daß dies nicht der Fall ist, vielmehr das Verhältnis von Magnesium zu Calcium auch in der Muskulatur bei den Seetieren viel höhere Werte aufweist als bei den Land- und Süßwassertieren. Dagegen ist der Quotient Mg:K in der Muskulatur — völlig abweichend von den Verhältnissen im Blutserum — bei Land- und Seetieren nicht nennenswert verschieden; seine Konstanz ist offenbar

---

[1] Tabulae Biolog. **4**, 541 (1927).

für den Muskel von besonderer biologischer Bedeutung. Die Tabellen 1 und 2 zeigen also, daß tatsächlich in der anorganischen Zusammensetzung der meer- und der land- (bzw. süßwasser-) bewohnenden Tiere ein grundsätzlicher Unterschied besteht insofern, als das Mengenverhältnis von Magnesium zu Calcium in Blut und Muskulatur bei Seetieren um ein Mehrfaches größer ist als in den entsprechenden Substraten bei Landtieren. Die Relation Mg:K, auf die BETHE besonderen Wert legt, ist dagegen zur Kennzeichnung dieses Unterschiedes weniger geeignet, da sie besonderen biologischen Gesetzmäßigkeiten unterliegt.

Tabelle 2. **Magnesiumgehalt der Muskulatur von See- und Landtieren,** bezogen auf deren

	Calciumgehalt = 100	Kaliumgehalt = 100
Meerestiere[1]		
Mytilus edulis (Miesmuschel)	600	10,6
Mya arenaria (Sandmuschel)	637	10,8
Anodonta cygnaea	555	11
Octopus vulgaris	512	8,5
Sepia officinalis	571	8,2
Landlebewesen und Süßwassertiere[2]		
Mensch	283	6,6
Hund	346	7,3
Katze	338	7,5
Schwein	350	11,1
Kalb	211	8
Kaninchen	156	7,2
Huhn	362	8,2
Frosch	150	7,6
Hecht	78	7,5
Flußaal	45	7,3

All diese Tatsachen lassen die Annahme berechtigt erscheinen, daß die durch Meerwassertrinkkuren beim Menschen hervorgerufenen Veränderungen im Mineralstoffwechsel, falls solche überhaupt in chemisch faßbarem Ausmaß vorhanden sind, in erster Linie in einer Magnesiumanreicherung und vor allem in einer Zunahme des Quotienten Mg:Ca zum Ausdruck kommen. Das ist um so wahrscheinlicher, als das Magnesium das zweithäufigste Kation des Meerwassers ist und bei einer Meerwassertrinkkur beträchtliche Mengen dieses biologisch recht differenten Elements in den Körper hineingelangen. Dafür, daß die Wirkungen der Meerwassertrinkkur durch Magnesiumanreicherung bedingt sind, spricht eine weitere interessante Beobachtung. Wie Tabelle 3 zeigt, weist das Blutserum und die Milch des Walfisches einen höheren Magnesiumgehalt und vor allem einen erheblich höheren Wert für den Quotienten Mg:Ca als Blutserum und Milch aller landlebenden Säugetiere. Da die Wale die einzigen Säugetiere sind, die sozusagen physiologischerweise eine lebenslängliche Meerwassertrinkkur gebrauchen, ist ohne Zweifel die absolute und relative Vermehrung des Magnesiums im Serum und in der Milch der Wale durch die dauernde Meerwasseraufnahme bedingt.

---

[1] Nach Tabulae Biolog. **3**, 456 (1926).   [2] Nach Tabulae Biolog. **3**, 446 (1926).

Tabelle 3. Magnesiumgehalt von Blutserum und Milch bei verschiedenen Säugetieren.

Blutserum[1]			Milchasche[2]		
Spezies	Mg-Gehalt		Spezies	Mg-Gehalt	
	in mg%	bezogen auf Ca = 100		in %	bezogen auf Ca = 100
Schwein	3,2	29,3	Mensch	1,90	15,3
Ratte	3,2	29,0	Ziege	2,75	13,2
Kuh	2,8	25,4	Kuh	2,64	11,2
Schaf	2,9	25,4	Stute	3,04	10,1
Mensch	2,5	25,0	Schaf	2,08	7,7
Pferd	2,4	21,2	Esel	2,16	6,9
Kaninchen	3,3	21,3	Kaninchen	2,20	6,1
Hund	2,3	20,9	Schwein	2,15	5,8
Katze	2,6	18,0	Hund	1,57	4,7
Walfisch (Pottwal)	**5,7**	**712,5**	**Walfisch (Bartenwal)**	**4,70**	**31,4**

Aus all diesen Überlegungen heraus habe ich gemeinsam mit A. ELSNER das Verhalten des Calciums und Magnesiums im Organismus der Ratte unter dem Einfluß einer Meerwassertrinkkur, d. h. einer lange fortgesetzten täglichen Zufuhr von Meerwasser, bilanzmäßig untersucht. Weiße männliche Ratten gleicher Herkunft von etwa 250 g Gewicht wurden auf eine hinsichtlich ihres Ca- und Mg-Gehaltes genau bekannte Schwarzbrotdiät gesetzt. Die Kost garantierte ausreichende Aufnahme der B-Vitamine; A- und D-Vitamin wurde in Form von Detavit in regelmäßigen Abständen zugefüttert. Eine Gruppe von 4 Tieren erhielt 5 Wochen lang täglich 20 ccm Borkumer Meerwasser (1:1 mit destilliertem Wasser verdünnt) per os; die Tiere gewöhnten sich schnell daran, das Wasser aus eigenem Antrieb zu trinken. Der Ca- und Mg-Gehalt des Meerwassers wurde bei Versuchsbeginn bestimmt. 4 Tiere einer zweiten (Kontroll-) Gruppe erhielten statt des verdünnten Meerwassers eine diesem isotonische NaCl-Lösung, zwei weitere Tiere (Gruppe 3) bekamen Leitungswasser; die täglich gegebene Flüssigkeitsmenge betrug auch in den Kontrollversuchen 20 ccm. Die Ca- und Mg-Zufuhr überstieg in allen 3 Gruppen den Minimalbedarf erheblich. Bei sämtlichen Tieren wurde in wöchentlichen Abständen die Menge des in Harn und Faeces ausgeschiedenen Ca und Mg bestimmt. Am Ende der Versuchsperiode von 5 Wochen wurden alle Tiere getötet, und es wurde der Bestand des Gesamtorganismus an Ca und Mg ermittelt.

Das Calcium wurde als Oxalat titrimetrisch (mit $^n/_{50}$ Permanganat nach KRAMER-TISDALL), das Magnesium mittels Oxychinolin nach GREENBERG-MACKEY bestimmt.

Die Versuchsergebnisse sind in den Tabellen 4—8 zusammengefaßt[3]. Aus Tabelle 4 ergibt sich zunächst das Verhältnis von Aufnahme zu Ausscheidung, in wöchentlichen Abständen untersucht. Da die gefundenen Ca- und Mg-Werte und somit auch der Ca- und Mg-Bilanzen bei allen Tieren derselben Gruppe weitgehend übereinstimmten (vgl. die kleinen Werte für Δ in Tabelle 4!), konnten

---

[1] Nach Daten von PINCUSSEN in Oppenheimers Handb. d. Biochemie, 2. Aufl., Erg.-Werk, **2**, 38ff. (1936) und VON EVELETH: J. of biol. Chem. **119**, 289 (1937).
[2] Nach Tabulae Biolog. **2**, 555 (1925).
[3] Einzelheiten sind aus der Dissertation von A. ELSNER (Breslau 1938) zu ersehen.

ohne Verzicht auf Genauigkeit und ohne die Gefahr von Scheinkorrelationen die Mittelwerte der einzelnen Gruppen in die Tabelle eingesetzt werden, was deren Übersichtlichkeit erhöht.

Tabelle 4. Ca- und Mg-Wochenbilanzen.
(Durchschnittswerte in Milligramm.)

Woche	Ca					Mg				
	I	II	III	IV	V	I	II	III	IV	V
1. Meerwassertiere.										
Aufgenommen . . .	41	54	54	55	55	102	140	141	141	142
Ausgeschieden . . .	49	65	25	21	34	57	119	125	97	65
Bilanz	− 8	−11	+29	+34	+21	+45	+21	+16	+44	+77
Δ *	4	4	5	5	9	10	7	8	7	6
2. Kochsalzkontrollen.										
Aufgenommen . . .	30	32	32	33	33	66	67	66	68	68
Ausgeschieden . . .	53	64	35	25	26	52	64	67	69	56
Bilanz	−23	−32	− 3	+ 8	+ 7	+14	+ 3	− 1	− 1	+12
Δ	14	6	4	3	5	9	3	6	6	9
3. Wasserkontrollen.										
Aufgenommen . . .	32	33	33	33		66	68	68	68	
Ausgeschieden . . .	33	27	19	15		70	65	66	64	
Bilanz	− 1	+ 6	+14	+18		− 4	+ 3	+ 2	+ 4	
Δ	1	1	1	1		0	2	2	0	

Eine Betrachtung der Tabelle ergibt, daß die Bilanzen in den einzelnen Versuchswochen sehr verschieden sind. Die Calciumbilanzen sind anfangs durchweg negativ (wohl infolge der Diätumstellung) und werden erst in der 3. bis 4. Woche positiv. Dies beweist die Notwendigkeit, die Dauer derartiger Bilanzversuche nicht zu kurz zu bemessen. Am größten waren die anfänglichen Ca-Verluste in der Kochsalzkontrollgruppe, wohl infolge einer calciumverdrängenden Wirkung des NaCl. Die größten Ca-Retentionen fanden sich bei den Meerwassertieren in der 3. bis 5. Woche, doch war der Unterschied von den entsprechenden Werten bei den Kontrollen nicht sehr erheblich. Ganz andere Verhältnisse ergaben die Mg-Bestimmungen. Die Wasser-Kontrolltiere zeigten eine ausgeglichene Bilanz, auch bei den Kochsalztieren wurden nur in der ersten und letzten Woche geringfügige Retentionen beobachtet; dagegen waren die Mg-Bilanzen der Meerwassertiere eindeutig und stark positiv. Wichtig erscheint, daß die Retentionen bei den Meerwassertieren in den einzelnen Versuchswochen nicht gleich groß waren, sondern einen charakteristischen, bei allen Tieren identischen Kurvengang aufwiesen. Die retinierten Mg-Mengen waren in der ersten Woche beträchtlich, nahmen dann bis zur 3. Woche ab und stiegen bis zur 5. Woche wieder bis weit über das Ausgangsniveau hinaus an. Ein ähnlicher Kurvenverlauf, wenn auch schwächer ausgeprägt, war auch bei den Mg-Bilanzen der Kochsalztiere zu beobachten. Die Faktoren, die diese Retentionskurve bedingen, sind nicht ohne weiteres zu erkennen, aber offenbar in komplizierten Regulations- und Gegenregulationsvorgängen zu suchen.

---

* Δ = mittlere Abweichung der Einzelwerte in Milligramm.

46   J. Kühnau:

Die am Versuchsende durchgeführten Analysen der Gesamttiere (Tabelle 5, Horizontalzeile „Endbestand") ergaben im Verein mit den wöchentlichen Exkret-

Tabelle 5. Ca- und Mg-Gesamtbilanzen.
(Werte in Milligramm.)

	Ca				Mg			
1. Meerwassertiere.								
Tier	I	II	III	IV	I	II	III	IV
Anfangsbestand . .	2136	2105	2477	1801	14	27	32	33
Aufgenommen . . .	255	260	262	258	658	670	676	666
Ausgeschieden . . .	171	165	239	199	520	442	447	447
Bilanz	+84	+95	+23	+59	+138	+228	+229	+219
Endbestand	2220	2200	2500	1860	152	255	261	252
2. Kochsalzkontrollen.								
Tier	V	VI	VII	VIII	V	VI	VII	VIII
Anfangsbestand . .	2710	2255	2404	2326	25	18	42	36
Aufgenommen . . .	162	159	157	162	340	334	329	340
Ausgeschieden . . .	152	234	221	207	314	297	316	310
Bilanz	+10	−75	−64	−45	+26	+37	+13	+30
Endbestand	2720	2180	2340	2280	51	55	55	66
3. Wasserkontrollen.								
Tier	IX	X			IX	X		
Anfangsbestand . .	2980	2926			79	55		
Aufgenommen . . .	131	129			273	269		
Ausgeschieden . . .	91	95			267	265		
Bilanz	+40	+34			+6	+5		
Endbestand	3020	2960			85	60		

Tabelle 6. Änderungen des Ca- und Mg-Bestandes der Tiere (in Prozent des Ausgangswertes) während der Trinkversuche.

Tier	Ca	Mg
1. Meerwassertiere.		
I.	+3,9	+987,2
II.	+4,5	+845,0
III.	+0,9	+715,7
IV.	+3,3	+662,1
2. Kochsalzkontrollen.		
V.	+0,3	+99,7
VI.	−3,3	+204,2
VII.	−2,6	+32,2
VIII.	−1,9	+83,9
3. Wasserkontrollen.		
IX.	+1,3	+7,5
X.	+1,2	+9,0

analysen die Möglichkeit, den Ca- und Mg-Bestand des Organismus am Versuchsbeginn durch Extrapolation zu ermitteln (Tabelle 5, Horizontalzeile „Anfangsbestand") und die Veränderungen dieses Bestandes während der fünfwöchigen Meerwasserzufuhr kennenzulernen (Tabelle 5, Horizontalzeile „Bilanz"). Bezüglich des Ca stellte sich heraus, daß alle Meerwassertiere (1—IV) Ca retiniert hatten, jedoch nicht wesentlich mehr als die Wasserkontrollen (IX und X), während die Salztiere (V—VIII) beträchtliche Ca-Verluste erlitten hatten (Ca-Verdrängung durch NaCl!). Die Meerwasserzufuhr scheint danach keinen nennenswerten Einfluß auf den Ca-Haushalt auszuüben. Um so auffälliger ist die Veränderung des Mg-Bestandes im Gefolge der Meerwassertränkung. Die Analysen aller

4 Meerwassertiere ergaben enorm hohe Mg-Werte, aus denen sich eine Vermehrung des Mg-Bestandes auf das 8—10fache des Ausgangsniveaus errechnete. Im Gegensatz dazu wiesen die Leitungswassertiere keine und die Kochsalztiere nur eine ganz geringfügige Vermehrung ihres Mg-Bestandes am Ende des Versuches auf. Die ganz außergewöhnliche Mg-Anreicherung, die bei den Meerwassertieren (und *nur* bei diesen) beobachtet wurde, ist besonders sinnfällig, wenn man sie in Prozenten des Anfangsbestandes an Mg ausdrückt (Tabelle 6). Es ergibt sich dann, daß der Ca-Gehalt der Tiere durch die Meerwasserzufuhr um 1—4%, ihr Mg-Gehalt aber um 662—987% vermehrt wurde. Als wichtigste Schlußfolgerung ergibt sich endlich, daß — wie nach den einleitend gemachten Ausführungen zu erwarten war — der Wert des biologisch besonders bedeutsamen Quotienten Mg:Ca im Verlauf der Meerwassertrinkkur bis auf das 8—10fache zunahm (Tabelle 7). In den Kontrollversuchen wurde entweder keine oder nur eine (bei den Kochsalztieren durch die Ca-Verluste verursachte) geringfügige Vermehrung des Quotienten Mg:Ca beobachtet.

Tabelle 7. Änderungen der Relation Mg:Ca, bezogen auf Ca = 100, während der Trinkversuche.

1. Meerwassertiere.

Tier	I	II	III	IV
Mg:Ca bei Versuchsbeginn	0,65	1,33	1,29	1,83
„ „ Versuchsende	6,85	11,59	10,44	13,55

2. Kochsalzkontrollen.

Tier	V	VI	VII	VIII
Mg:Ca bei Versuchsbeginn	0,92	0,80	1,75	1,12
„ „ Versuchsende	1,87	2,52	2,35	2,90

3. Wasserkontrollen.

Tier	IX	X
Mg:Ca bei Versuchsbeginn	2,65	1,81
„ „ Versuchsende	2,80	2,03

Zusammenfassend läßt sich also sagen, daß erwartungsgemäß bei der Ratte durch lange fortgesetzte Meerwasserzufuhr eine *echte Transmineralisation* im Sinne einer außergewöhnlich starken Magnesiumretention und einer ebenfalls sehr beträchtlichen Erhöhung des Quotienten Mg:Ca im Gesamtorganismus hervorgerufen wird. Soweit die Ergebnisse von Tierversuchen sich auf den Menschen übertragen lassen, muß aus unseren Befunden der Schluß gezogen werden, daß die Wirkung einer Meerwassertrinkkur, soweit eine solche vorhanden ist, beim Menschen auf die mit ihr verbundene Magnesiumanreicherung zurückzuführen sein dürfte. Es ist hier nicht der Ort, auf die vielseitigen biologischen Funktionen des Mg einzugehen, doch sei darauf hingewiesen, daß sich auf dieser Basis gewisse wohlumschriebene Indikationsgebiete für die Meerwassertrinkkur ergeben. Die nahen Beziehungen des Mg zum Kohlehydratstoffwechsel lassen die langfristige Anwendung von Meerwasser bei Diabetes aussichtsreich erscheinen, und die wichtigen Feststellungen von GRETA HAMMARSTEN, wonach Mg-Mangel zur Bildung von Oxalatsteinen prädisponiert und reichliche Mg-Zufuhr die Oxalatsteindiathese beseitigt, weisen auf Erfolgsmöglichkeiten der Meerwassertrinkkur bei Steinkrankheit hin. Hier Klarheit zu schaffen, wird Aufgabe der Klinik sein.

Im Tierversuch beeinflußt jedenfalls die Meerwasserzufuhr den Mineral- und damit den Gesamtstoffwechsel in so einschneidender Weise, daß aus diesem Einfluß vielseitige therapeutische Wirkungen abgeleitet werden können.

Literatur.

Bethe u. Berger: Pflügers Arch. **227**, 571 (1931).
Dill, Edwards: J. of biol. Chem. **90**, 515 (1931).—Dyer, Rose: J. of Nutrit. **7**, 623 (1934).
Greenberg, Mackey: J. of biol. Chem. **96**, 419 (1932).
Hammarsten: Eine experimentelle Studie über Calciumoxalat als Steinbildner in den Harnwegen. Lund u. Leipzig: Harrassowitz 1937. — Heubner, in Oppenheimers Handb. d. Biochemie, 2. Aufl., **4**, 83 (1925).
Lustig u. Mitarbeiter: Biochem. Z. **290**, 95 (1937).
Macallum: J. of Physiol. **29**, 213 (1903). — Morgulis: Amer. J. Physiol. **84**, 350 (1928).
Püschel: Z. vergl. Physiol. **7**, 606 (1928).
Suzuki: Tohoku J. exper. Med. **5**, 419 (1924).

8. Verordnung und Anwendung des Meerwassers als Trinkkur.

Von

W. BRAND-Kolberg.

Bei dem Bestreben, unser therapeutisches Rüstzeug zu erweitern, muß zunächst zweierlei die Überlegung leiten: einmal, ob es sich darum handelt, ein wirklich neues, das Heilwissen erweiterndes Gebiet zu erschließen, oder nur darum, zur Gruppe der Zehntausende bereits bekannten Mittel ein weiteres hinzuzufügen, das in den verschiedensten Varianten in anders benannten Mitteln bereits vorhanden ist, zum anderen darum, ob dieses neue Mittel geeignet ist, *praktisch* so verwandt zu werden, daß es auch dadurch wirklich zu einer brauchbaren Waffe im Kampfe gegen bestimmt umschriebene Krankheitsgeschehen zu verwerten ist.

Es muß deshalb vor der allgemeinen Verwendung eines neuen Mittels der Beweis verlangt werden, daß bei *praktischer* Erprobung diese beiden Grundbedingungen zunächst einmal zu erfüllen sind. Bei dieser Erprobung wird und darf die Erfahrung des Praktikers keine irgendwie geringere Rolle spielen als die des Klinikers, auch darf keine ernsthaft zu bewertende Kritik sie in ihrem Werte darum unterschätzen, weil sie nach anderen Testen arbeitet und arbeiten muß, als es in der Klinik geschieht. Für den erprobenden Praktiker, wie für die klinische oder theoretische Forschung müssen die Worte OTTFRIED MÜLLERS als Richtschnur dienen: Zuerst ist die praktische Empirie da; das war so, das wird auch so bleiben müssen, wenn die Medizin nicht theoretisch entarten soll. Die Erfahrung von Generationen guter Ärzte ist das beste Aufgabenbuch für den Forscher.

Ich glaube annehmen zu dürfen, daß auch uns dieser Standpunkt des vielerfahrenen Klinikers als Grundlage unseres Arbeitens und Forschens in der Meerwasserfrage dienen mag. Denn auch hier ist es die Empirie vor allem, die schon seit Jahrtausenden das Problem der Behandlung mit Meerwasser immer wieder aufgegriffen hat. Prof. BRÜNING hat darüber berichtet. Doch gibt es außer der dort aufgeführten Literatur noch zahlreiche andere ausgezeichnete und kritische Arbeiten zum größten Teil von Praktikern (ich erinnere nur an die nicht erwähnten Arbeiten von SCHLEGEL, die jetzt in Buchform zusammengefaßt sind), die sich mit der Frage eingehend beschäftigt haben und zu durchaus positiven Ergebnissen gekommen sind, die einwandfrei und unantastbar sind, auch wenn sie nicht mit den Methoden der Klinik untermauert worden sind.

Wenn ich auch nicht über den Chemismus oder andere theoretische Fragen der Meerwasserforschung zu sprechen habe, scheint es doch erforderlich, zur

Klärung, welches Wasser zu Heilzwecken geeignet und wie es vorzubereiten ist, auch einige technische Dinge zu erwähnen, die sich bei der Anlage einer Meerwasser-Kuranstalt im Ostseebad Kolberg ergeben haben. Dem Beispiel der Nordseebäder nachkommend, wurde das zunächst verwandte Wasser in Küstennähe der See entnommen. Die Beobachtung der Küstengestaltung der Ostsee ergab jedoch, daß hier ganz andere Verhältnisse vorlagen als an den Nordseeinseln und darum in grundlegend anderer Weise vorgegangen werden muß. Das Küstenwasser der Ostsee kann nicht als reines Meerwasser angesehen werden, da es innerhalb eines von vorgelagerten Sandbänken gebildeten Beckens geschöpft werden muß, das, wie es auch schon der bloße Augenschein lehrt, als Sammelbecken verschiedener Ablagerungen und Anspülungen der See anzusehen ist. Diese Anspülungen sind nicht nur in hygienischer Hinsicht, ganz besonders während der Sommermonate, zu beanstanden, sondern der Gesamtcharakter des Wassers ist ein anderer als der auf hoher See. Es muß dabei auch berücksichtigt werden, daß an der ganzen Ostsee so viele kleinere und größere Flüsse münden, deren Strom kilometerweit in die See hinein und vor der Küste her zieht, daß auch hierdurch wieder eine zweite Art von noch größerer Bassinbildung erfolgt und auch eine intensive Durchmischung des Meerwassers mit Flußwasser unvermeidlich ist. Der ebenfalls geäußerten Ansicht, daß gerade dieses Flußwasser mit seinem mitgespülten Schlamm und anderen Abwässern eine besonders beachtliche Beigabe therapeutischer Wertigkeit bedeute, glaube ich mich einmal aus rein hygienischen Gründen, zum anderen aber auch deshalb nicht anschließen zu können, da es sich bei solcher Mischung nicht mehr um reines Meerwasser im eigentlichen Sinne handelt.

Das Kolberger Meerwasser wird deshalb bewußt der hohen See außerhalb der Sandbänke und der Einwirkungen von Flußmündungen oder von Kanalisationsabwässern entnommen. Untersuchungen des Salzgehaltes von Küstenwasser und Hochseewasser ergaben, daß ersteres einen Gehalt von 0,67 aufwies, während der am gleichen Tage entnommenen Hochseewassers 0,843% betrug. Der Salzgehalt auf gleicher Meereshöhe entnommenen Wassers lag im Frühjahr etwas höher als im Herbst.

Die unerläßliche Filterung und Entkeimung des Meerwassers geschieht in Kolberg zur Zeit in Berkefeld-Filtern. Das so vorbereitete Wasser steht unter ständiger Kontrolle auf seine hygienisch einwandfreie Beschaffenheit. Diese Kontrolle muß unbedingt durchgeführt werden, schon um zu vermeiden, daß der gute Ruf der soeben erst begonnenen Meerwassertrinkkuren womöglich durch Beanstandungen des Wassers leiden könnte. Wie wichtig und unerläßlich die Vorbehandlung des Meerwassers jedoch ist, ergibt sich schon daraus, daß nicht entkeimtes oder vorgefiltertes Wasser, das dem bloßen Auge völlig klar erschien, bei analytischer Untersuchung bis zu 6 mg Schwebeteilchen auf 1000 ccm enthielt, eine Menge, die bei der Leichtigkeit dieser Stoffe als sehr hoch bezeichnet werden muß. Es muß deshalb die Filterung und auch die Reinhaltung der Filteranlage selbst unter peinlichsten Kautelen geschehen, da sonst bei der sehr hohen Beimengung verschiedenster Stoffe diese förmlich zu einer Brutstätte von Keimen aller Art werden und so das gefilterte Wasser noch keimhaltiger als das ungefilterte sein kann. Es kann deshalb nicht eindringlich genug davor gewarnt werden, unvollkommene Filteranlagen zu verwenden, geschweige denn, wie es nicht selten bei sparsamen Badegästen beobachtet werden kann, einige hundert Meter in die See hinauszuschwimmen und sich mittels einer mitgenommenen Flasche dort seine eigene Trinkkuranstalt aufzuziehen.

Der wiederholt geäußerten Vermutung, daß durch die Vorbehandlung des Meerwassers grundlegende Veränderungen mit diesem erfolgten, konnten wir, was den Gehalt an Mineralsalzen anbetrifft, nicht zustimmen. Der von uns nachgewiesene Verlust betrug auf 100 ccm 0,0006, war also völlig unbedeutend. Der Verlust von Beimengungen organischer Natur konnte nicht als eine Beeinträchtigung der therapeutischen Wirksamkeit angesehen werden.

Wenn die hier angeführten Schwierigkeiten oder auch Mängel zwar zweifellos bestehen und überwunden werden müssen, so können doch diese keineswegs als Grund einer generellen Ablehnung der Verwendung vorbereiteten Meerwassers angesehen werden, es sei denn, man lehnt auch die Trinkwasserversorgung solcher Städte ab, die es aus vorgefiltertem See- oder Flußwasser beziehen, oder man lehnt überhaupt das Baden und Schwimmen in der See, bei dem man schon unfreiwillig stets nicht geringe Mengen von Meerwasser zu schlucken pflegt, als unästhetisch und mit den Auffassungen der Hygiene nicht in Einklang zu bringen, ab.

Die Anwendung irgendwelcher Geschmackskorrigentien oder einer Verdünnung erwies sich beim Ostseewasser als unnötig, da es durchaus wohlschmeckend und bekömmlich in seiner natürlichen Darstellung ist. Es liegt hierin ein großer Vorteil, da auch dadurch Veränderungen im Aufbau des Wassers vermieden werden. Aus dem gleichen Grunde wird auch ein Zusatz von Kohlensäure als unnütz und unangebracht abgelehnt.

Bei der praktischen Verwendung muß als Grundforderung angesehen werden, die heute noch vielfach geübte Methode der wahl- und kritiklosen Anführung von Heilanzeigen auf ein vernünftiges Maß zurückzuführen und eindeutig klare Verhältnisse auf diesem Gebiet zu schaffen. Der therapeutische Gebrauch ergibt die Notwendigkeit, klar zu scheiden zwischen der von den Kurgästen geübten Trinkkur und der vom Arzt angewandten Therapie. Es war auffallend, daß viele Badegäste gerade an heißen Tagen die Trinkkurhalle förmlich umlagerten, da die erfrischende Wirkung kühl getrunkenen Meerwassers überraschend groß ist. Es deckt sich dies mit Berichten ältester Berichterstatter, sowie mit alten Erfahrungen, die von Fischern auf Fangfahrt stets erprobt worden sind. Bei schwächlichen, elenden oder skrophulösen Kindern und Erwachsenen konnte fast regelmäßig eine deutliche Appetitsteigerung festgestellt werden, auch und gerade dann, wenn eine solche unter der Einwirkung des Seeklimas allein noch nicht eingetreten war. Hierin liegt eine ganz besonders breite Basis der Anwendungsmöglichkeit des Meerwassers. Wieweit eine Beeinflussung des Mineralstoffwechsels, auf die verschiedene Beobachter hinweisen, zu erreichen ist, müßte durch klinisch-experimentelle Versuche geklärt werden, deren exakte Durchführung sehr erwünscht erscheint, da dieses Forschungsgebiet sich exakter Beobachtungsmöglichkeit des Praktikers entzieht.

Gleiche Untersuchungen in Erweiterung bereits vorliegender klinischer Arbeiten erscheinen wichtig zur Klärung der Frage, wieweit und in welchen Fällen tatsächlich eine Wirkung auf die Magensaftsekretion und auf die Leber zu erreichen ist. Rein praktisch beobachtet und auch nach den Berichten von Prof.

GRAFE bestehen hier noch viele Unklarheiten, doch scheinen hier am besten die Fälle ausgesprochenen katarrhalischen Charakters zu reagieren, am schlechtesten dagegen solche auf neurotischer Grundlage. Günstig sind die Erfolge bei Ulcera des Magens oder des Zwölffingerdarms, sowie bei der Ulcusbereitschaft, die ja gerade dem Praktiker viel zu schaffen macht, wenn hier mit dem nötigen Geschick der Dosierung, worüber später noch Näheres zu berichten sein wird, vorgegangen wird.

Auffallend und zufriedenstellend sind die Erfolge bei verschiedenen Hautkrankheiten auf der Grundlage von Stoffwechselstörungen, bei denen vor allem solche, die auch mit Sole- oder Seebädern anzugehen sind, am besten reagieren. Hier sind es vor allem die Formen der exsudativen Diathese beim Kleinkind, der Milchschorf, die immer wieder aufkommenden nässenden und krustigen Ekzeme, die oft mit erheblichen Drüsenschwellungen verbunden sind. Doch auch beim Erwachsenen bieten akute sowie subakute, oft auch chronische Ekzeme nicht selten ein dankbares Behandlungsfeld, vor allem wenn es möglich ist, Injektionen in der Gegend der erkrankten Hautpartien durchzuführen. Refraktär erwiesen sich bisher alle Fälle seborrhoischer Erscheinungen.

Günstig sind die Behandlungsaussichten bestimmter Formen von Nephritiden, vor allem solcher, die sich auf toxischer Grundlage im Anschluß an Infektionskrankheiten entwickeln. Es wird hier eine reine Trinkkur angewandt, die auffallend schnell einen Rückgang der objektiven und subjektiven Krankheitserscheinungen zu bewirken pflegt. Cystitiden, Pyelitiden sowie die Nephrolithiasis konnten dagegen nicht beeinflußt werden, wohl jedoch die Übergangsformen der Pyelonephritiden.

Ganz besonders beachtenswert sind die Erfolge bei den akuten Erkrankungen des Humero-Skapulargelenkes, die stets mit allergrößten Schmerzen einherzugehen pflegen und sehr oft in kürzester Zeit zur Versteifung des erkrankten Schultergelenkes führen. Dem Praktiker wird es bei dem meist stürmischen Auftreten dieser Erkrankung häufig schwer sein, zu klären, ob es sich um eine Periarthritis oder um eine Cervico-Brachialneuralgie handelt, doch ist bei beiden und bei allen ähnlichen Formen der Schultergelenkserkrankung die Injektion von Meerwasser in die Gegend des erkrankten Gelenkes, am besten oberhalb des Sulcus intertubercularis, eine therapeutische Maßnahme, deren Erfolg immer wieder überrascht. Doch auch hier ist, wie ich bereits vorhin einmal erwähnte, peinlichst genaue Beobachtung und Dosierung Grundbedingung des Erfolges sowie zur Vermeidung äußerst unangenehmer örtlicher Reaktionen. Bei bereits sekundär versteiften Gelenken können diese Einwirkungen der Injektionsbehandlung nicht mehr festgestellt werden, da hier die Schmerzhaftigkeit des erkrankten Gliedes offenkundig auf anderer Grundlage als beim akut erkrankten beruht.

Diese wenigen hier angeführten Krankheitsformen und deren Varianten erscheinen mir zur Zeit als diejenigen, bei denen der Erfolg der Meerwasserbehandlung am einwandfreiesten geklärt ist. Im Schrifttum finden sich noch zahlreiche andere Einzelangaben, doch handelt es sich hier meist um Beobachtungen an einem kleineren Beobachtungsmaterial, unter denen jedoch bestimmt noch manches wertvolle stecken mag. Ausgiebigere Beobachtungen von mehreren Seiten müssen hier erst noch eine Siebung der Tatsachen herbeiführen, um nicht in uferloses Spekulieren zu verfallen. Eines steht indes heute schon fest, und zwar, daß die Meerwassertherapie in der Praxis die anfangs gestellten Bedingungen bei einer Anzahl klar umrissener Krankheitsbilder erfüllt, bei denen sie schnell und sicher anzuwenden und als wertvolle Bereicherung bisherigen Handelns anzusehen ist. Freilich ist es keine Allerweltstherapie, die schematisch durchzuführen ist, sondern sie erfordert genaueste Zustands- und Bedeutungsdiagnose, sowie sorgfältigste und planmäßigste Durchführung in den geeigneten Fällen. Wieweit es sich um eine Mineralsalztherapie oder wieweit es sich um eine Reiztherapie handelt, harrt noch der Klärung. In allen Fällen jedoch verspricht die Meerwasserkur nur dann einen Erfolg, wenn die Dosierung nicht grob schematisch, sondern unter genauester Beobachtung des Krankheitsverlaufes sowie der Körperreaktion im Verlauf der Behandlung vorgenommen wird.

Es muß deshalb die Menge des genommenen Wassers während der Trinkkur bei den hier angeführten Krankheitsbildern genau bemessen und je nach eintretender Reaktion von mehrmals am Tage genommenen Tee- oder Eßlöffeldosen beim Kleinstkind bis zur Menge von 3—4mal am Tage 150—200 g beim Erwachsenen variiert werden. Noch sorgfältiger muß bei der Injektionsbehandlung vorgegangen werden. Wenn auch irgendwelche Schäden bei der Verwendung gewöhnlichen, aus der Flasche entnommenen Meerwassers nie beobachtet worden sind, werden doch heute, um allen Zwischenfällen mit Sicherheit vorzubeugen, durch die pharmazeutische Industrie gebrauchsfertige Ampullen sterilen Ostseewassers zu 2, 5 und 10 ccm geliefert (Dr. Wilmar Schwabe, Leipzig, Kolberger Hochseewasser). Die Injektionen bewährten sich am besten bei Hauterkrankungen sowie bei der beschriebenen Erkrankungsform des Schultergelenkes. Die Anfangsmenge soll nicht über 2 ccm liegen, um Erstverschlimmerungen möglichst zu vermeiden; die Höchstmenge wird nur bei einzelnen langwierigen Hautkrankheiten über 10 ccm betragen. Injektionen von 2—10 ccm in größeren Abständen von 5—10 Tagen bewährten sich ebenfalls bei den angeführten Erkrankungen des Magendarmkanals. Ich muß mich in bezug auf weitere Einzelheiten auf meine vor einiger Zeit im Hippocrates veröffentlichte ausführliche Arbeit hierüber beziehen.

Wenn wir auch besonders an Orten mit ausgeprägten Klimaeigenschaften in der Bewertung eines Heilmittels nicht vorsichtig genug sein können, da es nur äußerst selten eine Einzelkomponente sein wird und sein kann, die zur Heilung führt, so muß doch anerkannt werden, daß dabei der Verwendung des Meerwassers ein ganz besonderer Platz einzuräumen ist. Alles in allem müssen die bisherigen praktischen Erfolge der Meerwassertherapie trotz der vielen noch ungeklärten Fragen auch bei kritischster Sichtung der vorhandenen Erfahrungen doch auch heute schon als eine Erweiterung unseres ärztlichen Rüstzeugs bei verschiedenen schwer beeinflußbaren Krankheitszuständen angesehen werden, deren Verfolg und Ausbau im Interesse ärztlichen Vorwärtsstrebens liegt.

Literatur.

BENSCH: Hippocrates **1936**, 196. — BRAND: Hippocrates **1937**, Heft 51. — BRÜNING: Med. Welt **1937**, 1093.
HÄBERLIN: Lehrbuch der Meeresheilkunde.
MÜLLER: Hippocrates **1937**, 26.
SCHLEGEL: Meerwasser als Heilmittel (Hippocrates-Verlag).

9. Hygiene des Meerwassers.

Von

W. PFANNENSTIEL - Marburg[1].

Zu den besonderen Aufgaben der zur Wahrung der Volksgesundheit berufenen, hygienisch besonders ausgebildeten Ärzte, sei es daß sie als Amtsärzte oder als Leiter von Hygienischen Instituten oder Medizinaluntersuchungsämtern tätig sind, gehört die *Begutachtung des Trinkwassers.* Während die hierfür erforderlichen Prüfungsverfahren bereits wissenschaftlich gut durchgearbeitet sind und die organisatorischen Maßnahmen gesetzliche Regelungen erfahren haben, befindet sich die gesundheitliche Überwachung der zu Heilzwecken verwandten natürlichen Mineralwässer noch im Ausbau. Der Reichsfremdenverkehrsverband hat inzwischen für alle deutschen Kurorte bindende Normativbestimmungen erlassen, in denen nicht nur verlangt wird, daß der Mineralionengehalt jeder Heilquelle durch einwandfreie Analysen festgelegt sein muß, sondern auch eine laufende Kontrolle der hygienischen Beschaffenheit des Heilwassers gefordert wird.

Es erhebt sich dabei die Frage, ob ein Mineralwasser grundsätzlich nach den gleichen Gesichtspunkten begutachtet werden soll wie das einfache Trinkwasser, ob sich die zu stellenden Ansprüche mildern lassen, oder ob sie gar verschärft werden müssen. Bei den meist aus größeren Tiefen geförderten Heilquellen des Inlandes ist zunächst zu erwarten, daß sie keimfrei sind. Wenn sich in ihnen Bakterien in größerer Zahl oder gar Kotverunreinigungen anzeigende Colibacillen finden, so muß mit an Sicherheit grenzender Wahrscheinlichkeit angenommen werden, daß diese Keime infolge Zuströmens unreinen Oberflächenwassers durch Undichtigkeiten der Förderanlage oder infolge hygienisch nicht einwandfreier Verarbeitung, Verabreichung bzw. Abfüllung erst nachträglich in das Wasser gelangt sind. Eine gewissenhafte Überwachung aller Heilwässer des Inlandes wird ohne Zweifel imstande sein, derartige, die Gesundheit des Heilung und Erholung suchenden Kurgastes auf das schwerste gefährdenden Mängel abzustellen bzw. gar nicht zustande kommen zu lassen.

Wie dringend notwendig eine solche Kontrolle ist, das haben die Untersuchungen KLIEWES gezeigt, der bei der bakteriologischen Prüfung von 50 auf Flaschen abgefüllten, fast ausschließlich natürlichen Mineralwässern in einzelnen Fällen Keimzahlen bis zu 55000 in 1 ccm, dagegen nur 5 Proben keimfrei fand. Bei 2 Mineralwässern konnte er sogar Colibacillen in einer Wassermenge von .5 ccm und bei einigen weiteren Proben Staphylo- und Streptokokken, also als Eitererreger anzusprechende Keime, nachweisen. Es zeigte sich, daß als Ursache dieser Verunreinigungen weniger schlecht gewaschene Flaschen als unhygienische

---

[1] Aus dem Hygienischen Institut der Universität Marburg/Lahn — Direktor: Professor Dr. W. PFANNENSTIEL.

Abfüllung sowie insbesondere unsaubere bzw. unsauber behandelte Flaschenverschlüsse anzusehen waren.

Der Mineralionengehalt vermag also keinesfalls in das Heilwasser nachträglich hineingelangte Keime zu vernichten. Dazu ist auch Kohlensäure nicht ohne weiteres imstande. Erst wenn das Wasser auf Körpertemperatur erwärmt wird, macht sich nach den Feststellungen KLIEWES eine keimhemmende Wirkung bemerkbar. Bei hohem CO_2-Gehalt wurden von ihm in der Regel weit weniger Keime gefunden als in CO_2-armen oder -freien Mineralwässern.

Bestehen schon bei den an sich keimfreien natürlichen Heilwässern des Inlandes Verunreinigungsmöglichkeiten, um wieviel größer sind die *Gefahren einer Verseuchung mit Krankheitskeimen beim Meerwasser.* Es ist eine alte hygienische Regel, Oberflächenwasser unter keinen Umständen ohne entsprechende Aufbereitung zu Trinkzwecken zu verwenden. Diese Regel gilt in erhöhtem Maße auch für das Meerwasser, zumal durch die oft starke Durchmischung beim Seegang Sinkstoffe immer wieder an die Oberfläche gelangen. Nach den Untersuchungen von LAUER und HILDEBRAND sind in 1 ccm frisch in der ersten Hälfte des Monats Februar (1936) entnommenen Nordseewassers durchschnittlich 30 Keime enthalten. Unter diesen fanden sich gelegentlich Staphylokokken, auch Proteusbacillen, also gemeine Fäulniserreger, und nicht näher differenzierte, Gram-feste, unbewegliche Stäbchen. Die im Inlandoberflächenwasser meist vorhandenen farbstoffbildenden und gelatineverflüssigenden Wasserbakterien wurden vermißt. Ebensowenig ließen sich Colibacillen oder gar pathogene Darmkeime (Typhusbacillen oder dergl.) aus Meerwasser züchten.

Das im Marburger Hygienischen Institut untersuchte, auch im Monat Februar (1938) bei Wangerooge entnommene Nordseewasser enthielt durchschnittlich 50—100 Keime in 1 ccm, unter denen ebenfalls keine Colibacillen, jedoch gelatineverflüssigende Keime zu finden waren. Zur warmen Jahreszeit entnommenes und zum Versand gelangtes Meerwasser erwies sich weit keimreicher, und zwar gleich, ob es aus der Nord- oder aus der Ostsee stammte. In allen untersuchten Proben fanden sich unzählbar viele Bakterien in 1 ccm. Mehrfach konnten im Ostseewasser auch Colibacillen festgestellt werden. Ein zur Kontrolle mit untersuchtes Inlandheilwasser, nämlich die „Staatsquelle Niederselters", erwies sich dagegen als völlig keimfrei.

Meerwasser ist also nur zur kalten Jahreszeit arm an Mikroorganismen. Zur Kurzeit enthält es massenhaft Lebewesen, wie auch aus dem von uns festgestellten außerordentlich hohen Gehalt organischer Substanz (etwa 100 mg pro Liter) ersichtlich ist. Diese organische Substanz ist faulfähig und gerät bald in Fäulnis, da sich ja auch Fäulniserreger, wie Proteusbacillen, im Meerwasser finden. Jedem, der am Strande etwa einen Kindereimer mit Meerwasser gefüllt stehen ließ, wird der unbeschreiblich widerliche Fäulnisgeruch in übelster Erinnerung sein, den ein solches Gefäß bereits nach kurzer Zeit ausströmt. Ohne Aufbereitung abgefülltes Meerwasser läßt nicht selten auch einen intensiven Geruch nach Schwefelwasserstoff erkennen, der von uns als solcher chemisch nachgewiesen und auch von LAUER und HILDEBRAND gelegentlich beobachtet wurde.

Im Meerwasser finden ständig bakterielle Umsetzungen, Gärung und Fäulnis statt. Während im Boden eine völlige Mineralisation aller organischen Substanzen erfolgt, so daß das Grundwasser und die meist noch tiefer liegenden Mineralwässer frei von Mikroorganismen und organischen Stoffen sind, bildet das Meer, dieser große Destillierkolben der Erde, einen Tummelplatz für eine Unzahl im Kampf um ihr Dasein befindlicher Kleinlebewesen. Neben diesen sind auch deren Leichen in ständiger Zersetzung begriffen, so daß wir mit jedem Schluck Meerwasser größte Mengen faulfähiger Substanz unserem Körper zuführen.

Meerwasser entspricht also bakteriologisch einem nicht ganz gereinigten Abwasser, während gutes Grundwasser oder gar eine Heilquelle des Inlandes am Orte der Gewinnung als völlig rein und hygienisch einwandfrei anzusehen sind (und zudem in bezug auf ihren Mineralionengehalt praktisch als konstant gelten können). Deshalb hat man ja auch z. B. in Wangerooge daran gedacht, in ähnlicher Weise natürlich gereinigtes Meerwasser zu gewinnen, indem man Bohrlöcher in der Nähe des Strandes anlegte.

Unsere Untersuchungen haben aber gezeigt, daß die Uferfiltration wegen ihrer Kurzfristigkeit keineswegs ausreicht, um eine wahrnehmbare Verringerung der Keimzahl zu bewirken. Es nimmt das auch nicht weiter wunder, wenn man bedenkt, daß es im Inland zuweilen mehrere Jahre dauert, bis die in einem regenreichen Jahre in den Boden eingedrungene Feuchtigkeit bis ins Grundwasser gelangt und dessen Spiegel zum Steigen bringt. Im Gegensatz dazu erwies sich Bohrlochwasser teilweise als wesentlich keimreicher als das Meerwasser selbst. Falls nicht eine unsachgemäße Entnahme erfolgt ist, könnte diese Keimanreicherung im Sandboden auf den Zustrom der auch in dessen oberflächlichen Schichten reichlich vorhandenen Mikroorganismen zurückzuführen sein, die durch die überreichlichen Abwässer während der Kurzeit stets neuen Nachschub erhalten. Auch eine Verringerung an organischer Substanz war im Bohrlochwasser nicht festzustellen. Dagegen zeigte dieses doch bereits infolge der Vermischung mit Süßwasser beträchtliche Unterschiede gegenüber dem Meerwasser in bezug auf seine mineralische Zusammensetzung. *Der an sich naheliegende Versuch, durch Uferfiltration natürlich gereinigtes Meerwasser mittels Bohrung zu gewinnen, muß also zunächst als gescheitert angesehen werden.*

Wenn das Meerwasser als im hygienischen Sinne stark verunreinigtes Substrat anzusehen ist, so fragt es sich doch, ob es nicht vielleicht Krankheitserreger zu vernichten imstande ist. Gerade der Reichtum an Kleinlebewesen läßt auf die Möglichkeit einer weitgehenden biologischen *Selbstreinigung* schließen, der Krankheitserreger möglicherweise bevorzugt zum Opfer fallen.

Bei unseren Untersuchungen fiel auf, daß trotz größten Keimreichtums Colibacillen im Meerwasser nur selten gefunden wurden. Das an der Küste und in deren Nähe allerlei Abwässer und Abfallstoffe von Ortschaften und Schiffen aufnehmende Meerwasser hätte an sich ähnlich anderem Oberflächenwasser weit häufiger Kotverunreinigungen anzeigenden Colibacillenbefund zeigen müssen, während auf hoher See die Verdünnung so stark ist, daß nur in der unmittelbaren Umgebung fahrender Schiffe — auch bei der Entnahme zu Trinkkuren bestimmten Meerwassers — mit einer Verseuchung zu rechnen wäre.

Um festzustellen, ob Meerwasser etwa für Darmbakterien keimtötende Eigenschaften besitzt, wurden im Marburger Hygienischen Institut sowohl Proben von Nordsee- wie auch Ostseewasser mit Coli-, Typhus- bzw. Paratyphus-B-Bacillen (Schottmüller) künstlich infiziert und durch Aussaat auf Sondernährböden nach Ablauf von 3, 7, 15 und 30 Tagen nachzuweisen versucht, wie lange die eingesäten Keime noch am Leben blieben. Zur Kontrolle haben wir die „Staatsquelle

Niederselters", Marburger Leitungswasser[1] und physiologische Kochsalzlösung in der gleichen Weise infiziert und das Verhalten der eingesäten Keime geprüft.

Dabei ergab sich, daß Meerwasser keineswegs imstande ist, Coli-, Typhus- oder Paratyphusbacillen rasch abzutöten. Im Gegenteil, das an organischen Substanzen so reiche Medium des Meerwassers scheint diesen Keimen besonders bekömmlich zu sein. Während Typhus- und Colibacillen im Marburger Leitungswasser nach 6 bzw. 9 Tagen abgestorben waren, blieben Coli- und Paratyphusbacillen im Nordseewasser nach einer mehr als 30 tägigen Beobachtung am Leben. Typhusbacillen waren dagegen im Nordseewasser nach 26 und im Ostseewasser nach 14 Tagen verschwunden. Paratyphusbacillen wurden in keiner Wasserprobe während einer einmonatigen Beobachtungszeit vernichtet. Die Widerstandsfähigkeit dieser Keime ergibt sich auch aus der Tatsache, daß Muscheln, die aus der Gegend von Flußmündungen gewonnen werden, nicht selten Paratyphusbacillen enthalten und Anlaß zu Paratyphuserkrankungen (Muschel-, Austernvergiftungen) gegeben haben. Im Bohrlochwasser und in dem zur Kontrolle geprüften Heilwasser „Staatsquelle Niederselters" blieben die eingesäten Keime sämtlich am Leben[2].

Pathogene Darmkeime finden also im Meerwasser wie auch im Mineralwasser weit bessere Daseinsbedingungen als im gewöhnlichen Trinkwasser. Meerwasserzusatz zu fertiger Fleischbrühe, die doch in Laboratorien als Nährboden für solche Bakterien verwandt wird, ist deshalb als höchst gefährlich abzulehnen.

Wir müssen demnach *für die Reinigung des Meerwassers verschärfte Anforderungen stellen.* Wenn von den Küstenbewohnern gelegentlich Meerwasser getrunken und ohne Schaden vertragen wird, wenn auch bisher bei Trinkkuren mit Meerwasser keine Gesundheitsstörungen beschrieben wurden, so ist das kein Beweis für die Unschädlichkeit des Meerwassers. Wir Hygieniker stoßen oft genug auf ein mangelndes Verständnis, wenn wir einen Brunnen wegen seiner nicht einwandfreien Beschaffenheit schließen. Immer wieder wird uns beteuert, das Wasser würde seit Generationen getrunken und habe nie eine Erkrankung hervorgerufen. Das mag richtig sein, wenn aber einmal eine Verunreinigung, z. B. durch einen Ausscheider krankmachender Darmkeime, stattfände, müßte es notgedrungen bei weiterem Genuß des Wassers zum Ausbruch einer schweren Seuche kommen.

Uns Fachleuten sind derartige furchtbare Ereignisse sattsam bekannt. Ich will hier nur an die Typhusepidemie in Hannover erinnern, deren Zustandekommen man vor ihrem Ausbruch auch nicht für möglich gehalten hatte. Vorbeugen ist stets besser und wirtschaftlicher als infolge mangelnder Vorbeugung eingetretene Schäden wieder beseitigen zu müssen.

Es ist das eine ebenso uralte Erfahrungstatsache wie die sich immer wiederholende Beobachtung, daß der Mensch allzugern Maßnahmen, die, wie das Meerwassertrinken, seinem natürlichen Empfinden völlig zuwiderlaufen, einen Heilwert beimißt, falls ihm das von irgendeiner Seite suggeriert wird. Wieviel höchst

---

[1] Allerdings enthält das am Zapfhahn im Hygienischen Institut entnommene Marburger Leitungswasser noch Spuren Chlor, die jedoch mittels der Orthotolidinprobe nicht mehr nachweisbar sind.

[2] K. H. BÜSING und F. BROBMANN werden demnächst über diese Versuche ausführlich berichten.

unästhetische Stoffe, deren Berührung unser Sauberkeitsgefühl ablehnt, sind doch schon von „klugen Männern", das heißt von ihrer Suggestivkraft überzeugten Kurpfuschern, als unfehlbare Heilmittel angepriesen worden. Das frische Meerwasser kann zwar nicht als unästhetisch bezeichnet werden, Nordseewasser zu trinken, scheint aber jedenfalls kein Genuß. Wenn trotzdem das Meerwassertrinken Mode geworden ist, so sind wir Hygieniker verpflichtet, dafür Sorge zu tragen, daß, solange dieses geschieht, keine Schäden entstehen.

Meerwasser darf nicht wahllos getrunken werden, vielmehr ist die *Verordnung Sache des Arztes*, zumal die Indikation, insbesondere nach den KÜHNAuschen Versuchen, stark eingeschränkt erscheint und individuell differenziert werden muß. Grundsätzlich ist zu fordern, daß *Meerwasser nur dann zur Trinkkur benutzt werden darf, wenn es keimfrei gemacht ist.* Durch die hierfür vorerst allein in Frage kommende *Filterung* vermag man, wie LAUER und HILDEBRAND feststellten, auch mit Vorteil die *Bitterstoffe* zu *entfernen*, die durch Algenwachstum in das Wasser gelangen und dessen Geschmack beeinträchtigen. Es kann also nicht geleugnet werden, daß es dann nicht mehr als völlig natürlich gelten kann. Salzmenge und -zusammensetzung bleiben zwar im wesentlichen erhalten, *Stoffe wie z. B. Jod gehen* dagegen *größtenteils verloren.* Sie finden, wie CAUER[1] feststellen konnte, im Filter stärkste Anreicherung.

Als *Filter* kommen zur Zeit in erster Linie Seitz-EK-Filter in Frage, da Tonkerzen- oder Kieselgurfilter nicht so zuverlässig sind und auch wegen ihrer Zerbrechlichkeit bereits während des Weltkrieges keine Verwendung mehr fanden. Ob Glasfilter besser brauchbar sind, die möglicherweise das Jod durchlassen, müßte erst erprobt werden. Es ist aber auch bei dem Filtrationsverfahren der Seitz-Werke dringend erforderlich, den *Filtervorgang ständig* zu *überwachen* und die *Filterscheiben häufig genug* zu *wechseln.* Das reichlich Schwebstoffe enthaltende Meerwasser kann sonst das Filter derart verunreinigen, daß das gefilterte Wasser weit keimreicher wird als das ungefilterte. Es ist ferner *dafür Sorge* zu *tragen, daß das gefilterte Wasser unter keinen Umständen noch nachträglich verunreinigt wird* bzw. bei der Abfüllung durch schlecht gereinigte Flaschen, Flaschenverschlüsse oder unsauberes Hantieren Schaden leidet.

Die *Betriebe, in denen Meerwasser zur Verarbeitung, zum Ausschank oder zur Abfüllung gelangt, sind selbstverständlich genau so hygienisch zu überwachen wie Lebensmittelbetriebe.* Träger und Ausscheider krankmachender Keime, Tuberkulöse, sowie Haut- und Geschlechtskranke dürfen in ihnen nicht beschäftigt werden. Das Personal ist einer amtsärztlichen Kontrolle und das Wasser selbst regelmäßig der Begutachtung durch ein Hygienisches Institut oder Medizinaluntersuchungsamt zu unterwerfen. Außerdem empfiehlt es sich, im Betrieb selbst sogenannte „Keimzähler" anzustellen, die — wie es in größeren Wasserwerken des Inlandes geschieht — täglich die Keimzahl feststellen und damit imstande sind, die Filterwirkung und die Sauberkeit des Betriebes wirksam zu überwachen. Wird das Meerwasser mit Süßwasser verdünnt, so ist auch dieses, ebenso das bei der Abfüllung verwandte Flaschenspülwasser, einer laufenden hygienischen Kontrolle zu unterwerfen.

---

[1] CAUER, Aussprachebemerkung.

Diese gesundheitlichen Forderungen sind noch durchaus nicht überall erfüllt. Im Gegenteil, unsere Erfahrungen bei der Untersuchung einer großen Anzahl von Proben in Flaschen abgefüllten Meerwassers haben gezeigt, daß die Gewinnung und Verarbeitung von Meerwasser zu Trinkzwecken noch keineswegs hygienisch einwandfrei erfolgt. Wir dürfen aber nicht abwarten, bis die ersten Krankheitsfälle oder gar Seuchen gemeldet werden, die auf Meerwassergenuß zurückzuführen sind. Es gilt hier wirksam vorzubeugen, sonst wird das *Meerwassertrinken* genau so schnell wieder in Mißkredit geraten wie es beliebt wurde. Die *völlige Unschädlichkeit derartiger Kuren kann allein die Grundlage bilden für deren Empfehlung und weiteren Ausbau.*

Literatur.

Kliewe, H.: Über den Keimgehalt der Mineralwässer und seine Beeinflussung durch Kohlensäure. Der Mineralwasser-Fabrikant **1933**, Nr 33, 625. — Kliewe, H., u. J. Kindhäuser: Über die keimtötende Kraft der Kohlensäure. Arch. f. Hyg. **110**, 211 (1933).

Lauer, K., u. H. Hildebrand: Untersuchungen und Erwägungen über die Verwendbarkeit von Meerwasser zu Trinkkuren. Med. Welt **27**, 959 (1936).

10. Ergebnis.

Von

H. VOGT - Breslau.

Die von der Reichsanstalt für das deutsche Bäderwesen und der Deutschen Gesellschaft für Bäder- und Klimaheilkunde ins Werk gesetzten Arbeiten über die Meerwassertrinkkur, die in Kiel vorgetragen und verhandelt sind, haben, wie die vorstehenden Aufsätze ergeben, endlich eine sachliche Grundlage für die Beurteilung dieser Frage geschaffen. Vorher konnte auf die Arbeit von RÖMPLER und die eine oder andere ernsthafte Beobachtung Bezug genommen werden. Fast alle anderen Verlautbarungen und Anpreisungen entbehrten völlig ausreichender Grundlagen, und wir müssen als Betreuer und Wahrer des Gebietes der natürlichen Heilschätze unseres Landes dagegen Verwahrung einlegen, daß mit unbewiesenen Behauptungen in wenig gewissenhafter Weise eine allzu laute Werbung betrieben und Versprechungen, für die man nicht einstehen kann, gemacht werden. Wenn durch die vorliegenden Arbeiten trotzdem manche der aufgestellten Behauptungen eine Unterlage finden, so hat niemand von denjenigen, die früher, ohne selbst an dem Problem mitzuarbeiten, sich nur auf lauttönende Behauptungen beschränkt haben, ein Verdienst daran. Die richtunggebende Arbeit ist von denen geleistet, die sich monate- und jahrelang im Laboratorium und am Krankenbett um das Problem gemüht haben.

Für denkende Beobachter ist es keine Überraschung, daß die Meerwassertrinkkur ungefähr ein Ergebnis zeitigt, wie man es von einem Kochsalzwasser, das auch andere Mineralien in geringerer Menge enthält, erwarten konnte. Das in solchem Zusammenhange nicht zu entbehrende Tierexperiment hat nach den Arbeiten von KÜHNAU in Wiesbaden ergeben, daß das Trinken von Meerwasser in einer systematisch fortgesetzten Kur zu Umstellungen im Mineralhaushalt des Körpers, also zu einer echten Transmineralisation führt. Es ist verdienstvoll und erfreulich, daß dieser klare Erweis erbracht ist. Für alle diejenigen, die das Trinken von Mineralwässern als ärztliches und wissenschaftliches Problem dauernd verfolgen, ist dieser Beweis besonders wertvoll, aber grundsätzlich nicht überraschend. Die zwar immer wieder bezweifelte, aber auch immer wieder bewiesene Transmineralisation seit den Arbeiten von WIECHOWSKI und seiner Schule muß heute auch den noch vorhandenen Zweiflern gegenüber als ein wissenschaftliches Axiom der balneologischen Wissenschaft gelten. Die Verhandlungen, die auf der Tagung der Deutschen Gesellschaft für Bäder- und Klimaheilkunde in Breslau 1937 über den Wasserhaushalt, den Mineralhaushalt und die Einwirkung von Mineralwassertrinkkuren auf den Stoffwechsel geführt worden sind, haben als Ergebnisse der drei großen Referate von NONNENBRUCH, STRAUB und GRAFE gerade auch die Feststellung gebracht, daß systematisch durchgeführte Kuren mit Mineralwässern eine Transmineralisation im Organismus herbeiführen können. Diese Umstellungen im Mineralhaushalt sind zweifellos von großer Bedeutung; sie sind für das allgemeine Gesundungsproblem ohne Frage bedeutsamer als die wissenschaftliche Medizin heute noch anerkennen will.

Mit dieser wichtigen Feststellung reiht eine systematische Trinkkur mit Meerwasser sich ein in die Reihe der Mineralwassertrinkkuren überhaupt.

Die Feststellungen von KÜHNAU sind an Tieren getroffen, und der Autor selbst weist darauf hin, daß Rückschlüsse auf den menschlichen Organismus damit unter allen Umständen nur mit Reserve gezogen werden können. Die von JAUP in Baden-Baden am Menschen gewonnenen und laboratoriummäßig ausgearbeiteten Beobachtungen bewegen sich in einer ähnlichen Richtung wie die KÜHNAUsche Feststellung und erlauben die Annahme, daß eine Umstellung, wie sie im Tierexperiment von KÜHNAU festgelegt ist, auch beim Menschen nach Meerwassertrinkkuren vermutet werden darf. Diese Transmineralisation ist keineswegs eine dem Meerwasser besonders eigene Wirkung, sie tritt bei Heilbrunnen und bei künstlichen Salzlösungen auf. Die klinische Feststellung in der Würzburger Klinik von GRAFE ergab in der praktischen Anwendung des Heilmittels schon ein sehr viel bescheideneres und wesentlich eingeschränktes Resultat, so daß GRAFE zu dem Ergebnis kommt, daß nur bei dem Darm sichere Ergebnisse festgestellt werden können. Die Verdauung wird günstig beeinflußt. Krankhafte Magensaftsekretionen werden in einzelnen Fällen sowohl im Sinne der Hyperacidität wie der Hypacidität normalisiert. Bei der Hälfte der Fälle ergab sich eine deutliche, später aber verschwindende Tendenz zur Senkung des Grundumsatzes. Gesetzmäßige Erscheinungen sind, angesehen vom Darm, aber nur individuell zu beurteilen. Es handelt sich um Reaktionsvorgänge, deren Zustandekommen unklar ist, so daß der Autor es für verfrüht hält, aus diesen Ergebnissen praktische Konsequenzen zu ziehen.

Die Erfahrungen des praktisch ärztlichen Balneologen, der mit der Anwendung und Verordnung der Meerwassertrinkkuren seit längerem arbeitet, ergibt ungefähr folgendes Bild (BRAND):

Wie überall in der Balneologie, muß auch auf diesem Gebiet die ärztliche Empirie nachdrücklich gewertet werden. Auch hier machen sich in den Kreisen der kritischen Beobachter gerade unter den Ärzten an der See Forderungen nach Einschränkungen der allzu weit ausgedehnten bisherigen Indikationsstellung geltend. Auffällig ist bei den positiven Erfahrungen eine gewisse Anregung und Normalisierung mancher Stoffwechselvorgänge, sowie der Sekretions- und Motilitätsverhältnisse des Intestinaltraktus und seiner Anhänge. Bei Kindern ist vor allem die allgemeine Förderung des Appetits und die Verbesserung des gesamten Chemismus des Körpers auffallend, womit wohl die günstigen Erfahrungen bei den Hautkrankheiten mancher Kinder zusammenhängen. Auch die günstige Einwirkung auf scheinbar fernerliegende Zustände (Neuralgien usw.) dürfte auf dem Wege über den Stoffwechsel erklärbar sein und es ist vielleicht nicht ausgeschlossen, daß die von KÜHNAU nachgewiesene Beeinflussung des Magnesiumhaushalts hierbei eine Rolle spielt. Unter der Leitung des beobachtenden Arztes und einer verständigen Dosierung leisten die Meerwassertrinkkuren im Rahmen der zuverlässigen Beobachtung Brauchbares. Der Injektionsbehandlung darf man skeptisch gegenüberstehen. Viele der erzielten Besserungen sind natürlich unlösbar verbunden mit den gesamten Einwirkungen des Gesamtaufenthalts an der See. Mit diesen vorstehend wiedergegebenen Feststellungen ist wenigstens so viel erreicht, daß man von der Meerwassertrinkkur als einer in ihrer Wirkungsweise und in ihren Anwendungsmöglichkeiten faßbaren Heilmittelanwendung sprechen kann. Wir haben es aber beim Meerwasser hinsichtlich der Gewinnung des anzuwendenden Materials mit Verhältnissen zu tun, die namentlich hinsichtlich der Konstanz und Zuverlässigkeit des Mittels besondere Erwägungen erfordert. Hier drängt sich besonders stark der Vergleich mit den aus dem Boden kommenden Heilmitteln auf. Diese Heilmittel sind, abgesehen von ihrer Mineralbeschaffenheit, namentlich durch folgende Eigenschaften gekennzeichnet: einwandfreie Sauberkeit des natürlichen Heilgutes und große Konstanz der Zusammensetzung. Diese beiden für die Charakteristik eines Heilgutes doch nicht ganz unwesentlichen Faktoren sind beim Meerwasser erheblich eingeschränkt.

Die im vorstehenden gegebenen Ausführungen von PFANNENSTIEL, Marburg, zeigen, daß das nicht entkeimte Meerwasser als Getränk bedenklich ist. Wir wollen durchaus anerkennen, daß die Tatsache besteht, daß die unzähligen an der Küste jährlich badenden Menschen, die beim Schwimmen im Meer ja zweifellos auch Meerwasser schlucken, davon keinen sichtbaren Schaden nehmen. Ebenso selbstverständlich ist es, daß an der Prüfung des Hygienikers nicht vorübergegangen werden kann. Diese ergibt eben die Notwendigkeit einer Behandlung des Meerwassers vor dem Gebrauch zur Trinkkur in hygienischer Beziehung. Damit wird die Stellung des Meerwassers als Element der Trinkkur natürlich eine wesentlich andere, als sie für den Gebrauch der natürlichen Quellen und Brunnen gilt. Diese kommen rein aus der Erde und wir müssen sie nur davor schützen, daß sie durch unsachgemäße Fassung oder Behandlung nachher unsauber werden. Das Meerwasser läßt sich aber in einem einwandfreien Zustand nicht gewinnen und bedarf der Entkeimung. Wie wichtig diese Feststellungen sind, zeigen die oben (Abschnitt Pharmakol.) wiedergegebenen Versuche NARDOS mit fauligem Meerwasser.

Ähnliches gilt für die Konstanz des Elementes. Heilquellen schwanken nur in sehr geringen Verschiebungen. Für viele Heilquellen gilt sogar die erstaunliche Tatsache, daß, soweit eine Prüfung in dieser Beziehung zurückreicht, keinerlei irgendwie ins Gewicht fallende Unterschiede der Messungen gefunden werden konnten. Ich verweise in dieser Beziehung auf die erstaunlich geringen Unterschiede, die sich am Wiesbadener Kochbrunnen in der durch Generationen fortgesetzten Analyse durch die verschiedenen Mitglieder der Familie FRESENIUS ergeben haben. Beim Meerwasser schwankt, wie aus den Darlegungen von WATTENBERG hervorgeht, schon unter dem Einfluß von Wind und Strömung der Gehalt und Bestand an einer und derselben Stelle. Diese Schwankungen können größer sein als die Unterschiede zwischen verschiedenen Punkten derselben Küste, sie bewegen sich also in einem Ausmaß, daß es nicht berechtigt ist, bei der Anwendung des Meerwassers mit derselben Konstanz zu rechnen, wie wir dies bei der Verordnung eines Heilbrunnens tun können. Auch hierin bieten also die natürlichen Heilquellen bessere Verhältnisse.

Auf der anderen Seite kann aber aus den Unterschieden, die sich in dieser Beziehung ergeben, sowie vor allem aus den Unterschieden des Zustandes des Meerwassers an verschiedenen Punkten der Küste keine Rede davon sein, daß hier jeweils eine besondere Art von Heilgetränk vorliegen sollte. Es wird also nicht angängig sein, etwa von einer Borkumer, Westerländer, Warnemünder usw. Meerwassertrinkkur im Gegensatz zur Trinkkur an anderen Küstenplätzen zu sprechen, sondern es wird darauf gehalten werden müssen, daß die Plätze an

Ergebnis.

der Küste *eine* Meerwassertrinkkur als solche betätigen. Das Hinzufügen des Ortsnamens würde hier den Eindruck von Unterschieden des Materials erwecken, den wir nicht begründen können. Ich glaube auch einstweilen nicht, daß die Unterschiede im Bestande des Meerwassers, die an unserer Küste etwa zwischen der Nordsee und der Ostsee existieren, einen besonderen Charakter der Meerwassertrinkkur ergeben können. Das hindert selbstverständlich nicht, im Auge zu behalten, daß dem Wirkungseffekt einer Meerwassertrinkkur etwa an der Nordsee oder an der Ostsee unterschiedliche Qualitäten zukommen können, die wir aber als bedingt ansehen müssen durch die gesamte Milieuwirkung, Klima, Sonne, Luft, Wind, Bäder usw., die jeweils wie überall an sich vergleichbare Heilmittel in ihrer Auswirkung örtlich unterschiedlich gestalten kann, nicht auf Grund des Heilmittels selbst, sondern der Milieufaktoren.

Es scheint, daß das Meerwasser, um zu einer Trinkkur geeignet zu sein, auch noch einer anderen Behandlung als der hygienischen, nämlich einer Geschmacksveränderung, bedarf. Darüber kann man verschieden denken, denn es werden Heilbrunnen getrunken, die wirklich durch ihren Geschmack niemanden anreizen können. Ob das also notwendig ist oder nicht, muß die Erfahrung ergeben, und hier können sehr wohl regionäre Unterschiede in Betracht kommen.

Keinesfalls kann aber das Meerwasser zu einer Trinkkur im ärztlichen Sinne einer Behandlung unterworfen werden, die seinen Charakter ändert. Verdünnungen, Imprägnierungen mit Gasen, Vermischungen mit Limonaden und andere in der Behandlung eines natürlichen Heilmittels ungeheuerliche Maßnahmen kommen nicht in Betracht. Die Ankündigung einer Meerwassertrinkkur setzt die Hergabe reinen Meerwassers entweder durch Ausschank in einer Trinkhalle usw. oder im Flaschenversand voraus. Manipulationen und Verdünnungen für den individuellen Verbrauch, wie er bei der Meerwassertrinkkur z. B. bei Kindern angewandt wird, ist eine Sache der ärztlichen Maßnahme und Betätigung im Einzelfalle. Auch Heilwässer, die nicht pur getrunken werden können, wie etwa die arsenstarken Wässer, werden im puren Zustand verausgabt und ihre weitere Behandlung wird an der Hand der ärztlichen Verordnung dem Verbraucher überlassen. So nur kann auch hier verfahren werden.

Es ist keine leichte, aber eine mit Sachkenntnis und Wohlwollen lösbare Aufgabe, zu entscheiden, ob die zur Entkeimung und Geschmacksveränderung notwendigen Veränderungen, die mit dem Meerwasser dann verbunden sind, seinen Charakter als Heilmittel für eine Trinkkur grundlegend verändern oder nicht. An Meerwasser, das getrunken werden soll, müssen natürlich dieselben strengen Maßstäbe angelegt werden, wie sie heute für Heilquellen gelten und durchgeführt sind.

Im Rahmen der vorstehenden Ausführungen sehen wir eine Meerwassertrinkkur ohne örtliche Sonderbezeichnung an der Hand der Verausgabung oder Versendung reinen Meerwassers als begründet an für folgende Heilanzeigen:

Erkrankungen von Magen und Darm,
Stoffwechselkrankheiten,
Exsudative Diathese,
Unterstützende Wirkungen bei Erkrankungen des Harnapparates und bei
    Ernährungsstörungen des Kindesalters,
Postinfektiöse Zustände.

Verlag von Julius Springer / Berlin

Grundriß einer Meteorobiologie des Menschen. Wetter- und Jahreszeiteneinflüsse. Von Professor Dr. **B. de Rudder**, Direktor der Univ.-Kinderklinik Frankfurt a. M. Zweite, völlig neubearbeitete Auflage. Mit 59 Abbildungen. VI, 234 Seiten. 1938. RM 12.60; gebunden RM 14.70

Die Beziehungen zwischen Wetter und Krankheiten und Jahreszeiten werden in steigendem Maße beachtet. Der Frankfurter Pädiater de Rudder, der eigentliche Begründer einer wissenschaftlichen Meteoropathologie, gibt in vorliegendem Werke, der zweiten, viel weiter gefaßten Auflage seiner 1931 erschienenen grundlegenden Monographie, eine erschöpfende und kritisch sichtende Darstellung dieses Grenzgebietes zwischen Medizin und Naturwissenschaften. Dank seiner außergewöhnlichen Beherrschung der statistischen Methodik und der gesamten Naturwissenschaften ist Verfasser nachprüfend imstande, mannigfache, viel zu weitgehende Arbeiten auf ihre richtigen Ergebnisse zurückzuführen. Neben der Statistik wird der Wert der Einzelbeobachtung hervorgehoben. Es wird betont, daß das Wettergeschehen nicht diese oder jene Krankheit, sondern immer nur den Menschen in seiner gesamten Reaktionslage beeinflussen kann; es wirkt bei einem prämorbiden Zustand als einer vieler pathogener Einflüsse . . .

Das vorliegende Werk ist nicht nur für den Klimatologen unentbehrlich. Seine Lektüre muß jedem Arzt dringend empfohlen werden; es vermittelt zahlreiche praktisch wichtige Erkenntnisse (z. B. Rachitisproblem, Ultraviolettstrahlung, Winterruhe und Frühjahrsreize, Saisonrhythmen der Infektionskrankheiten usw.) *„Deutsche Medizinische Wochenschrift"*

Wärme- und Wasserhaushalt. Umweltfaktoren. Schlaf. Altern und Sterben. Konstitution und Vererbung. („Handbuch der normalen und pathologischen Physiologie", 17. Band.) Mit 179 Abbildungen. XI, 1204 Seiten. 1926. RM 75.60; gebunden RM 81.54

Inhaltsübersicht: Die Wärmeregulation. Physiologie der Wärmeregulation. Pathologie und Pharmakologie der Wärmeregulation. Der Winterschlaf. — Der Wasserhaushalt. Allgemeines und Vergleichendes des Wasserhaushaltes. Physiologie des Wasserhaushaltes. Pathologie und Pharmakologie des Wasserhaushaltes einschließlich Ödem und Entzündung. — Die physiologischen Wirkungen physikalischer Umweltsfaktoren. Die physiologischen Wirkungen des Lichtes. Physiologie der Röntgen- und Radiumstrahlen. Wärme. — Physiologische Wirkung von Bädern unter normalen und pathologischen Bedingungen: Druck und Auftrieb des Wassers. Reizwirkungen der Bäder. Wirkungen auf Wärmehaushalt, Körpertemperatur, Stoffwechsel. Wirkungen auf das Blut. Wirkung auf Harnsekretion. Allgemeine und Sonderwirkungen von Bädern. — Die physikalischen Faktoren des Klimas. Die physiologischen Wirkungen des Klimas. — Der Schlaf und schlafähnliche Zustände. — Altern und Sterben. — Konstitution und Vererbung. — Sachverzeichnis.

Der Wasserhaushalt des gesunden und kranken Menschen. Von Dr. **Hellmut Marx**, Privatdozent an der Universität Berlin, Oberarzt der I. Medizinischen Klinik der Charité Berlin. (Monographien aus dem Gesamtgebiet der Physiologie der Pflanzen und der Tiere, 33. Band.) Mit 52 Abbildungen. VI, 335 Seiten. 1935.
RM 27.—; gebunden RM 28.40

Zu beziehen durch jede Buchhandlung

Verlag von Julius Springer / Berlin

Untersuchung des Wassers an Ort und Stelle. Von Professor Dr. **Hartwig Klut**, Abteilungsdirektor an der Preuß. Landesanstalt für Wasser-, Boden- und Lufthygiene in Berlin-Dahlem. Siebente, vermehrte und verbesserte Auflage. Mit 41 Abbildungen. IV, 201 Seiten. 1938. RM 8.70

Inhaltsübersicht: Einleitung. — Über den Wert der Ortsbesichtigung. — Untersuchung des Wassers an Ort und Stelle. — Physikalische Untersuchungsverfahren. — Radioaktivität. — Muster für die Untersuchung von Grund- und Oberflächenwasser. — Über die durchschnittliche chemische Zusammensetzung von Grund- und Oberflächenwasser. — Über angreifende Wässer sowie über Rohrmaterial, Mörtel und Boden in ihrem gegenseitigen Verhalten. — Tabelle über die Wasserlöslichkeit einiger wichtiger chemischer Verbindungen. — Grenzwerte für Mineralwässer. — Sachverzeichnis.

Wetter- und Wetterentwicklung. Von Professor Dr. **H. v. Ficker**, Berlin. (Verständliche Wissenschaft, 15. Band.) Mit 42 Abbildungen und 11 Karten. VII, 140 Seiten. 1932. Gebunden RM 4.80

Wetter und Klima. Ihr Einfluß auf den gesunden und auf den kranken Menschen. Von Professor Dr. **Richard Geigel**. IV, 419 Seiten. 1924. RM 7.02; gebunden RM 8.64

Hilfsbuch für raum- und außenklimatische Messungen. Mit besonderer Berücksichtigung des Katathermometers. Von Dr. phil. habil. **Franz Bradtke**, Oberingenieur der Versuchsanstalt für Heiz- und Lüftungswesen an der Technischen Hochschule Berlin und Dr. **Walther Liese**, Regierungsrat im Reichsgesundheitsamt Berlin. Mit 20 Zahlentafeln und 30 Abbildungen im Text. VI, 100 Seiten. 1937. RM 7.50; gebunden RM 8.50

Das Strahlungsklima von Arosa. Von Dr. **F. W. Paul Götz**, Lichtklimatisches Observatorium, Arosa. Mit 31 Abbildungen und 69 Tabellen. VII, 110 Seiten. 1926. RM 7.83

Die klimatische Behandlung der Tuberkulose und ihre heutige Bewertung. Von Professor Dr. med. **A. Bacmeister**, leit. Arzt des Sanatoriums für Lungenkranke in St. Blasien, ord. Honorarprofessor an der Universität Freiburg i. Br. (Sonderabdruck aus „Brauers Beiträge zur Klinik der Tuberkulose", Band 89, Heft 3.) 28 Seiten. 1937. RM 1.80

Die Heliotherapie der Tuberkulose mit besonderer Berücksichtigung ihrer chirurgischen Formen. Von Dr. **A. Rollier**, Leysin. Zweite, vermehrte und verbesserte Auflage. Mit 273 Abbildungen. VI, 248 Seiten. 1924. RM 13.50

Zu beziehen durch jede Buchhandlung

MIX
Papier aus verantwortungsvollen Quellen
Paper from responsible sources
FSC® C105338

If you have any concerns about our products,
you can contact us on
ProductSafety@springernature.com

In case Publisher is established outside the EU,
the EU authorized representative is:
**Springer Nature Customer Service Center GmbH
Europaplatz 3, 69115 Heidelberg, Germany**

Printed by Libri Plureos GmbH
in Hamburg, Germany